Lenka Blažejová

Sensitive

像我这样内向又敏感

［捷克］莲卡·布拉热约娃　著绘

徐如梦　译

云南人民出版社

谨以此书

献给我们内心

脆弱的力量

温柔的敏感和

羞涩的狂热

果麦文化 出品

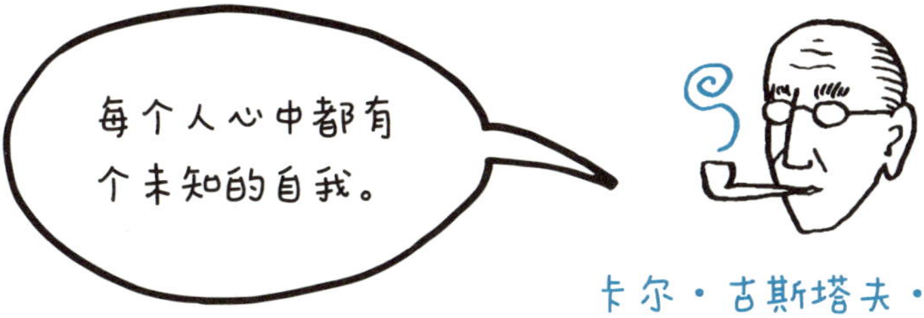

卡尔·古斯塔夫·荣格

这本书献给敏感的内向型人，
指引我们相信内心的力量和价值，
赋予我们展现力量和价值的勇气。
这本书也献给其他读者，
让他们能窥见我们的世界，
从而更好地理解我们的世界。
作者希望，
人们能把内向和敏感视作优势和天赋。

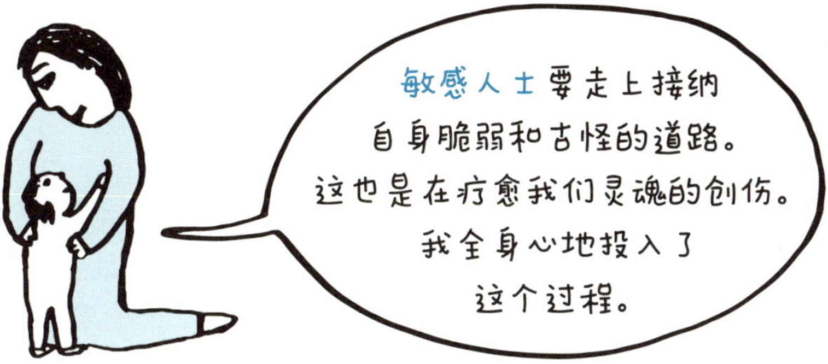

成年的我和儿时的我

怯懦的目录

你好？
有人吗？
早上好。
我能行，
我不怕。

害羞的开场白

先做个自我介绍，我叫莲卡，是个普普通通的成年人。我也是个旅行者，喜欢在自己的内心世界穿梭，喜欢和别人分享我的心路历程——当然，在够勇敢的时候，我才敢分享。有时，我深潜入海。有时，我在泥泞里跋涉、跌倒。我的心路历程充满坎坷，可我知道，它是光明的。

假如我的内心世界不复存在，我也无法在外面的世界生活。因为我是个敏感又内向的人。

说某人性格内向，听上去像是批评，似乎意味着这人寡言少语，和生活完全脱节。可事实并非如此。这就是本书想要告诉大家的。敏感和内向是两种难以掩藏的性格特质。我一生都在学习如何与它们和平相处。有时，它们是莫大的天赋；有时，它们又成了负担。在最近的几个人生转折点上，我详尽地反思了自己不同的状态、情绪和无法摆脱的心理阴影。它们不可避免，难以掌控。可当我把这一切记录下来时，它们便失去了力量，这个方法让我获益匪浅。

小时候，自记事起，我就被挥之不去的

羞耻感

和其他别扭的情绪所困扰。它们总是涌上我的心头，像胶水一样无法剥离。

如今的我，有时也会感到尴尬、无措、不自在、不踏实。

我是个害羞、敏感、对世界满怀惊奇的孩子。我想，这也许是天生的……

可我的内心有时充满煎熬。

尤其是在青春期。

我怀疑自己有问题。

我觉得自己古怪又恶心。我很自责。

可这是为什么呢？

敏感和内向曾让我寸步难行。我真希望自己皮厚点儿，这样，就没有什么事能刺激到我了。过去，我完全不知道该怎么处理自己的问题。

我努力想要融入，让自己不那么显眼。表面上，我友善、顺从，是个乖乖女。我想让别人喜欢我。在这个对异类和敏感人士不太友善的世界里，我想要保护自己。

可真实的我又该怎么办？

那个生机勃勃、率直自然、天马行空的我呢？

书让我有了安全感。

我热爱阅读。它让我徜徉在幻想的世界中。从小到大，书都是我的守护神和救星。

引导我看书的人是我爸爸，他给很多书做平面设计。我们一家住在一间狭小的公寓里，屋里有一个巨大的书橱，里面塞了整整两排书。

我10岁时父母离婚了。我亲爱的爸爸搬离了家，妈妈郁郁寡欢。我不明白到底发生了什么。我把所有不快乐藏在心里，自己消化，不去打扰父母。我感到孤独无依。

等进入青春期，我大部分时候就这么躺着，不说话，安静地看电视，自己照顾自己。那时候还没有手机。

我感觉很糟糕，于是封闭了自己。我厌恶自己的身体，厌恶自己低落的情绪，厌恶自己这个人。成为女人是件可怕的事，我感到被排除、被抛弃、被厌恶。

许多年以后，当我开始觉知和分享自己的内心世界，才终于释然。
这是我人生中最艰难的时光。我和其他人隔绝，对自己的内心和身体感受也漠不关心。

负罪

在一片情感麻木的荒野中

在那些日子里，我不怎么说话，也不知道该如何表达自己。也许正是因为如此，我才拿自己撒气，还把父母离婚的原因怪到自己头上。

即便现在，一遇到难题，我也会先自责。我必须提醒自己，痛苦和无力感并不来自当下，那是过去的阴影。

多年前爸爸抛弃了我，但这不等于我的丈夫会和我针锋相对、分崩离析。如果我没做成某件事，这并不意味着我是个没用的人，也不意味着会发生什么不好的事情。理性给了我指引，可有时情绪还是会占上风……

敏感和内向经常伴随着

迟钝

和/或 情感冻结

停滞 · 麻痹 · 阻断

青春期那些年，我的情感一直是冻结的。我有背痛的毛病。爸爸带我看了许多医生。医生们要我尽量多躺躺。这样，我再也不用上讨厌的体育课了。我的身体和声音完全不受控制，不能根据老师的指示和命令做出反应。幸好后来，我体会到运动的乐趣了。

在野外，某些动物会像负鼠那样：遇到危险，它们一动不动，装死。现在，我有时也会因为焦虑而僵住，没办法让脑子转起来。

很多时候，我都要等事情过去了，才能反应过来自己当时应该说什么、做什么。

你也会这样吗？

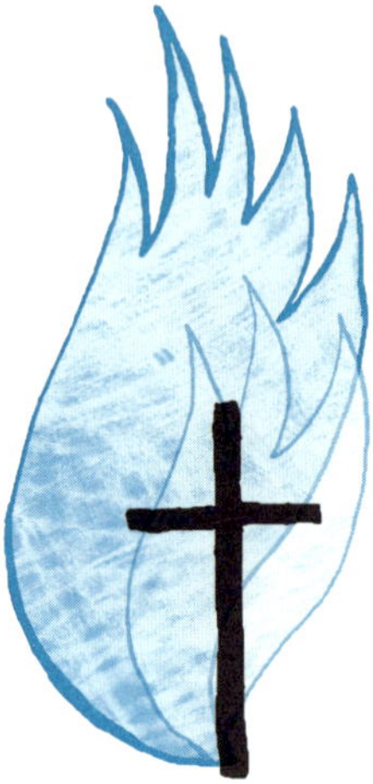

14 岁的时候，爸爸突然去世了。他又一次离开了我。不过当时，我在一所很棒的艺术学校上课，同学们都和我一样古怪。

那年秋天，我有了第一次约会。我的生活进入了一个崭新、愉悦的阶段。

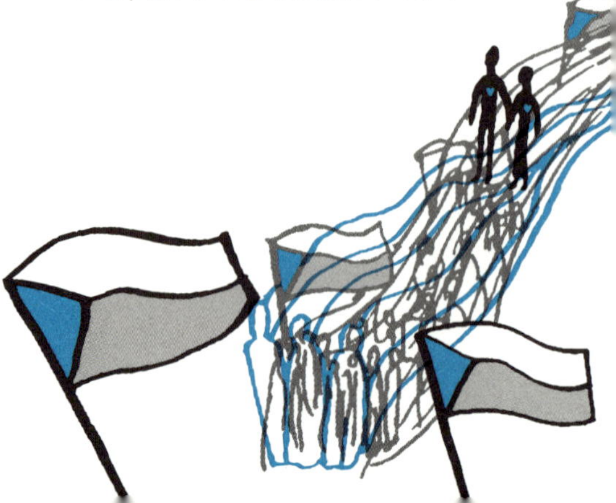

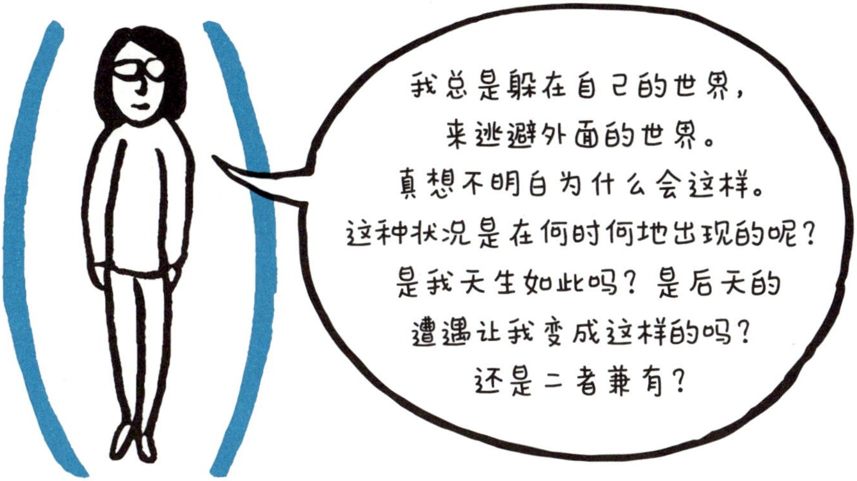

敏感内向的性格大多是天生的，但后天的环境也有一定影响。我爸爸就给我带来了巨大的冲击。我对书籍的热爱来自他的引导，但他也深深伤害了我。如今我长大了，我知道他其实是个好人，他也饱受折磨。他是爱我的。但我内心那个害羞的孩子仍拒绝理解这一切，她仍被困在过去。

我创作这本书，是为了找到那个孩子，把她带回当下。我想庇护她，想告诉她“你并非一无是处”。我想陪伴她、拥抱她。

我要永远和她在一起……

如果你或你身边的人也这样内向而敏感，我想邀请你一起踏上探索之旅……

1

习惯性自我批评

总是给出负面评价

“若非你应允，无人能低看你。”

——埃莉诺·罗斯福

在挚友跟前依旧沉默

我们内心住着这样一个人

敏感又内向的人，经常能听到自己内心那个响亮而严厉的声音，他像个追求完美的批评家，总是打击我们的自尊。我们不断和他争辩，尤其是在疲惫或脆弱的时候。

你也是这样吗？

小时候，某些人做的事、说的话给我带来了深远的影响，在我身上留下了烙印。我无法为自己辩护，渐渐相信他们对我的评价是正确的……

别人还没说什么，就开始自我批评

我害怕争执，努力不引起别人的注意，所以并没有遭受太多谩骂。但我的恐惧变成了内心世界里的批评家，他对我的折磨更为激烈。不管碰到什么事，他都要指责我。别人还没说什么，就开始自我批评，这是一种自我保护的行为。

比恶意评价更糟糕的是沉默。我渐渐觉得自己无人关爱、一文不值。

你是否也曾听过这些话

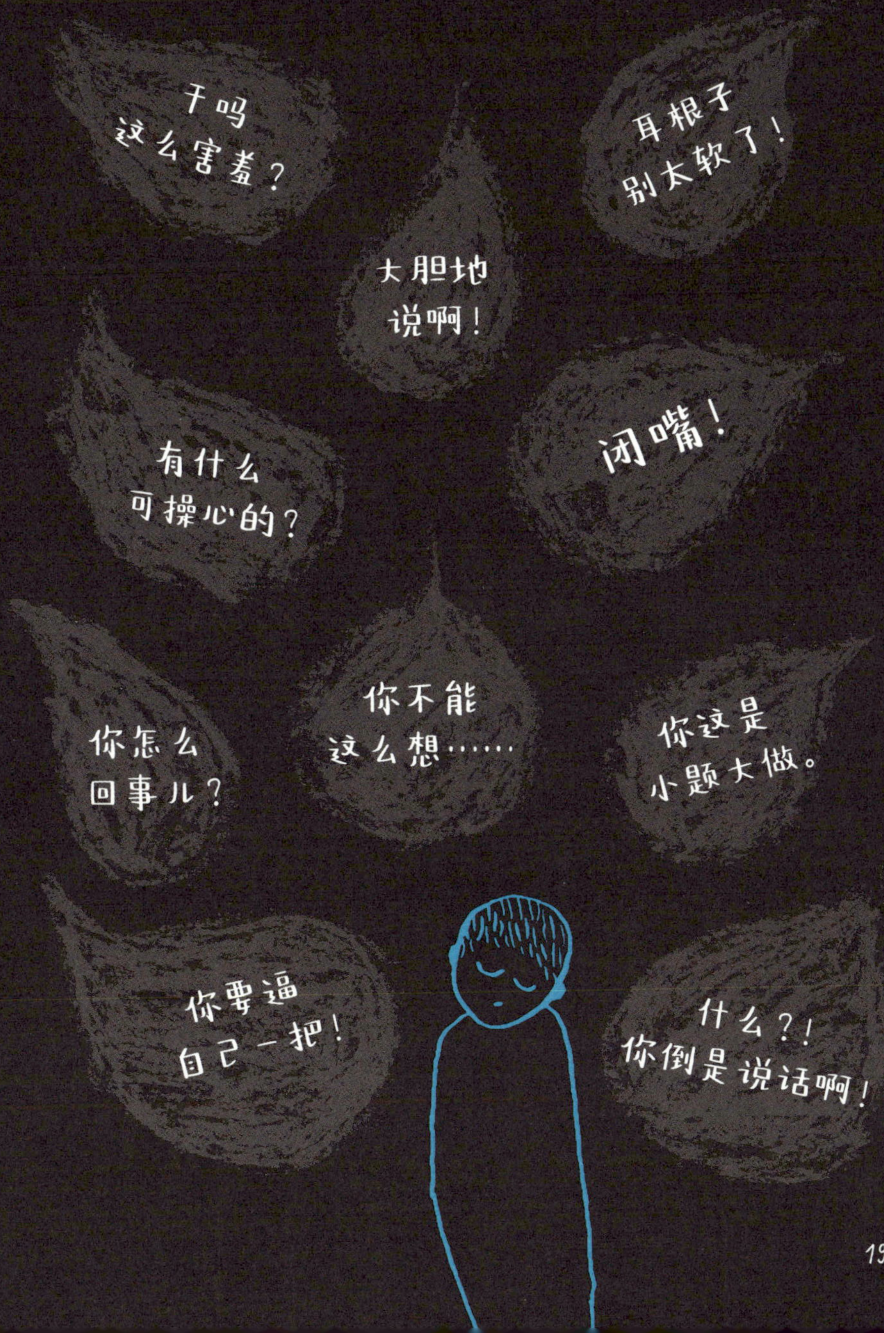
干吗
这么害羞？
耳根子
别太软了！
大胆地
说啊！
有什么
可操心的？
闭嘴！
你怎么
回事儿？
你不能
这么想……
你这是
小题大做。
你要逼
自己一把！
什么？！
你倒是说话啊！

多余的
建议、话语和指教

当我们情绪不佳时，他人善意的帮助并不会起作用。相反，它会让我们感到越发……

……孤独。

我们经常努力取悦所有人，不允许自己有不同意见。如果那些声音来自内心世界，我们自己让自己噤声，就会受到更大的伤害。

受到褒奖或批评时的感受

关注细节

要警惕完美主义。敏感又内向的人会非常关注细节，这也许是自我审视的一种表现。有时关注细节是好事，有时却不尽然。这取决于我们当下关注的是什么。我们得小心，不能让事情失控……

认识你自己，
但不要过度审视！

自我觉察不等于
自我鞭笞！！！

我眼中的自己：
我的形象
我的价值。

我用他人的标准
来审视自己。

我贬低自己，
伤害自己。

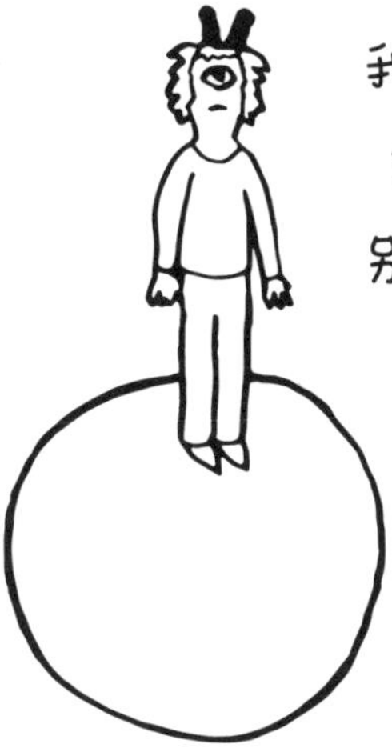

我觉得自己
好像来自
另一个星球。

扭曲的镜子

伤人的比较

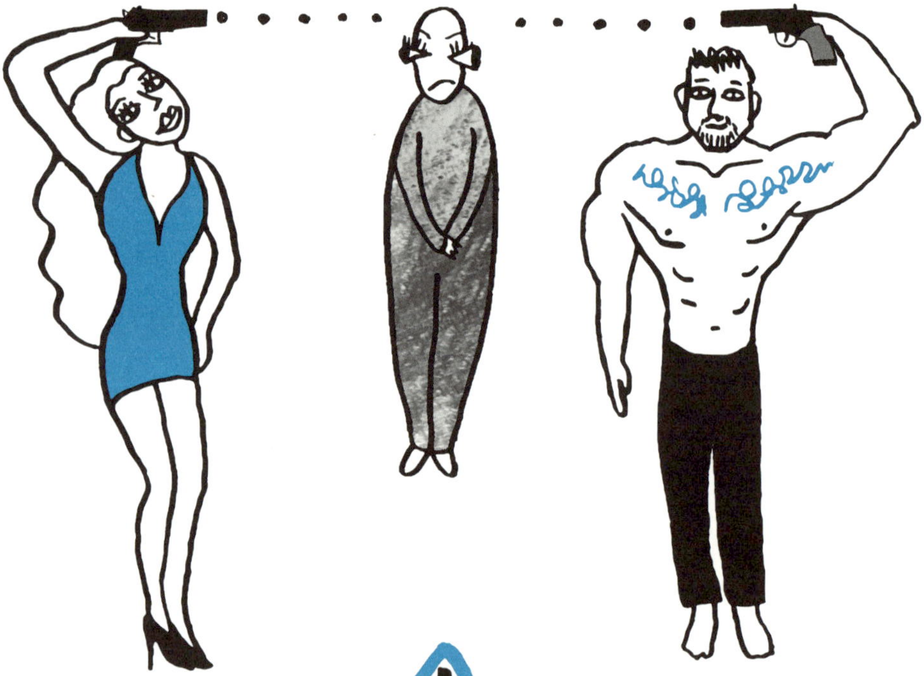

总有人比你优秀、美丽、聪明、成功。

要小心偶像。偶像的本义是受人崇拜的画像。

你真的需要崇拜一个画像吗？

沮丧的开关

当我拿自己和他人做比较时，我感到自己一无是处。社交网络和广告一刻不停地用不切实际的照片告诉我们应该长什么样、应该拥有什么、应该做些什么。我不想对自己这般严苛，我想善待自己。你呢？

有时候，你得让内心的批评家闭嘴……

嘴！

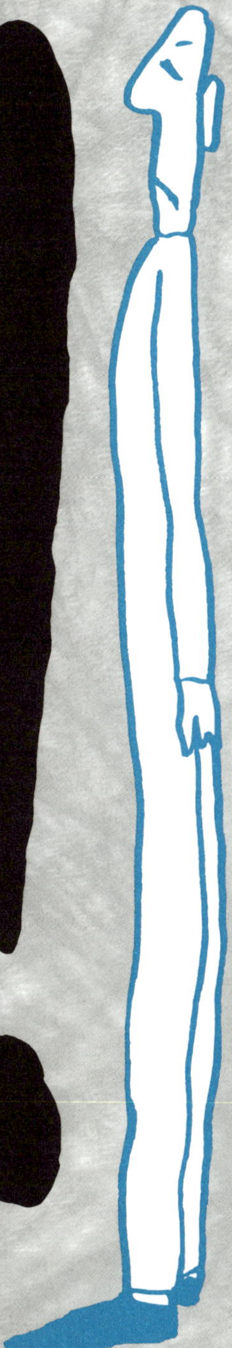

……才能给自己喘息的空间。

2

情绪

焦虑、沉重、振奋

与陷阱

障碍、隔阂、壁垒与阻塞

“认识你自己！”

“凡事应适度！”

——德尔斐神示所入口处的标志

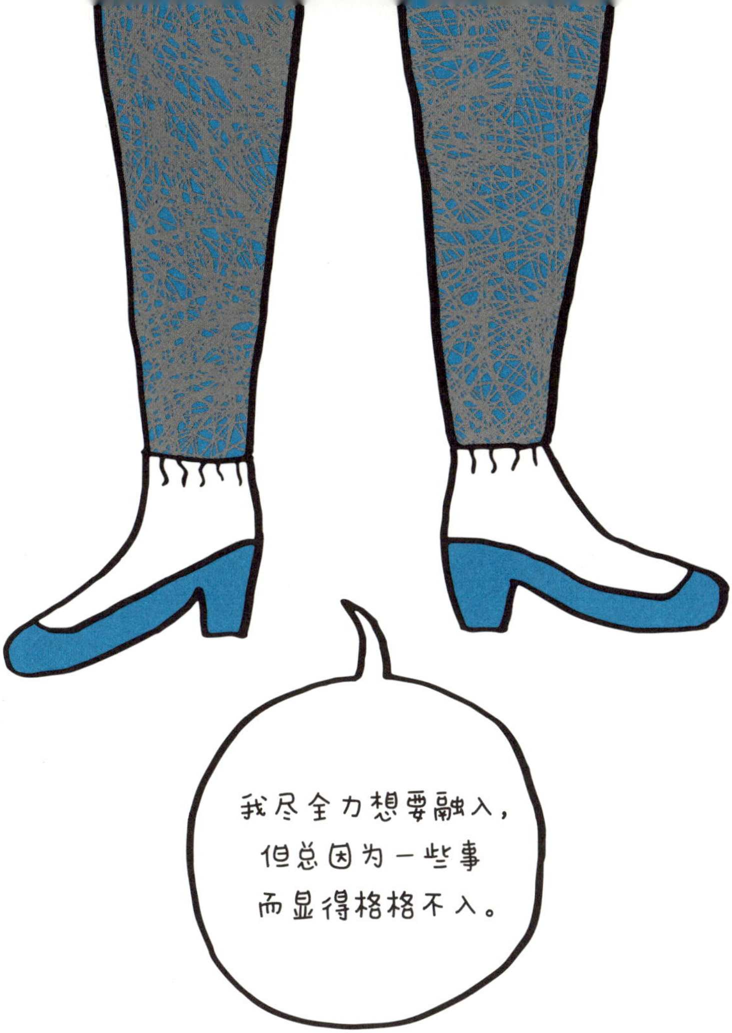

我人生的主导情绪

我从小到大都觉得自己像个局外人，

不管我如何尝试。

你也有这样的感受吗？

我好像
一半的我想要成功，
想要以目标为导向，
想要有所作为……
我要做到最好！

被禁锢住了！
另一半的我想要率性而为，
享受人生，
或者什么都不做，
彻底放松。
我才懒得去做！

外面的世界

有时，外面的世界好像很可怕。有时，我的自我要求会伤害到自己……

时常低迷

低迷期是我每天（每个月）的“家常便饭”。它与我的生理期和激素相关，受月相、天气和季节的影响。我要承受很多。

我们有无数种方式
也有无限的自由
可以感觉不那么好：

被情绪压垮

沉浸在悲伤中

缺乏自信

格格不入

焦虑

不适

心情沉重

如坐针毡

掩饰情绪

咄咄逼人

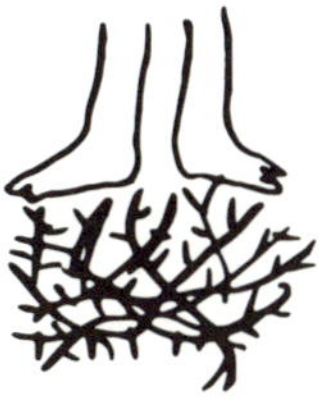

浑身带刺

自怨自艾

感到恶心

不堪重负

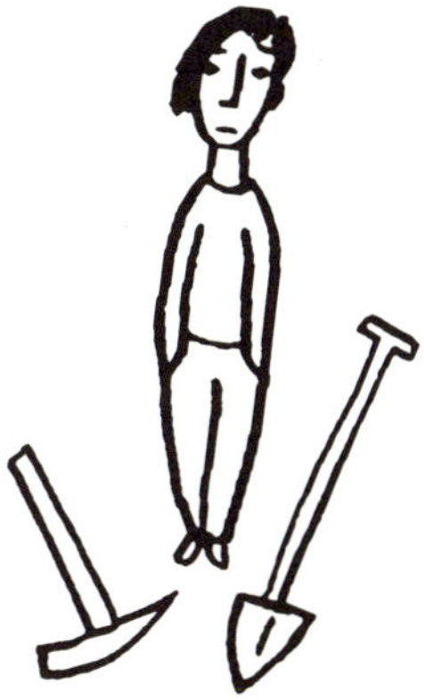

自暴自弃

我感到：

支离破碎

伤痕累累

心如刀割

脆弱

无助

无用

苦涩

压抑

易怒

脱节

束缚

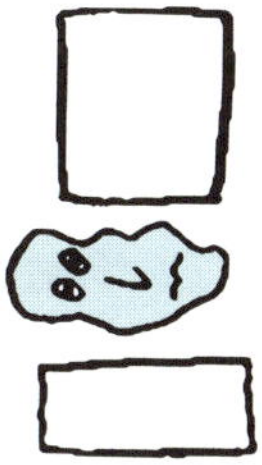

碾压

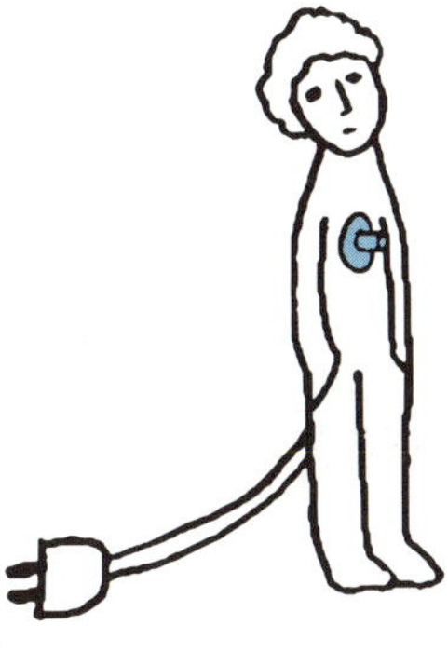

电量耗尽

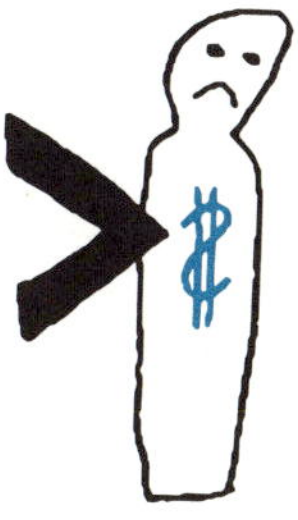

一文不值

可有可无

麻痹

自我

扭曲

迷茫

疲惫

冷漠

心累

遭人遗弃

筋疲力尽

大部分人都能感受到情绪的起伏和冲击，这是我们逐渐接受情绪和周遭世界的方式。没必要假装自己不受影响。

怎么了？
没什么，就是有些不知所措。

你知道吗？

想得太多

分析得太多，反而不知所措

有时候，我情绪不好，但不知道是为了什么，也不知道该怎么办，我就想啊想，想啊想。于是，情况就更糟了……

困在思绪里

你也会
这样吗？

在最糟糕的状态下，
我仿佛坐上电梯，
径直坠落到
心绪的地狱里，
胡思乱想的深渊里。
于是，我似乎成了
偌大世界里
最孤寂无依、
最受厌弃的人。
在这种时候，
我相信，这种感觉
会永永远远缠绕着我。

恶性循环

我陷入了恶性循环。内心充满了犹疑和困惑。写这本书有意义吗？万一有人因此批判我怎么办？万一书没法儿出版怎么办？万一写错了怎么办？万一没人想看这本书怎么办？万一？万一？？？

经过考验的防御机制和被证实有用的策略

自我麻痹
和麻木

隐藏
和封闭自己

戴面具

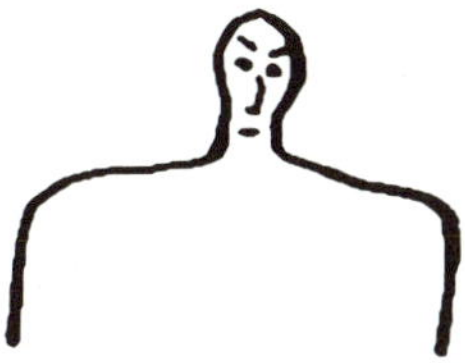

故作强硬

无助的
受害者

在被别人
批评前，
先自我批评

3

内向

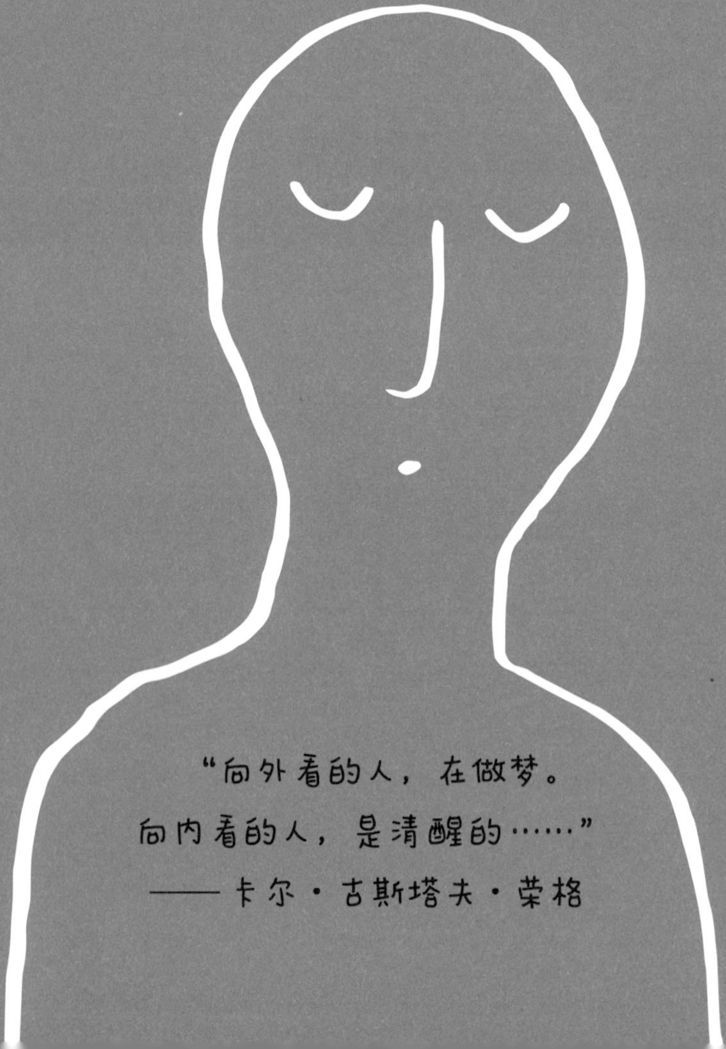

“向外看的人，在做梦。

向内看的人，是清醒的……”

——卡尔·古斯塔夫·荣格

1/3—1/2
即便你并不内向，你身边也一定会有内向的人。因为至少有1/3的人是内向的。多了解一些理论知识吧。我的内心也因此得到了不少慰藉。

我们内向人士天生比较害羞。我们会认为，只有自己是这么想、这么感觉的。我们许多人不了解彼此，这算不算一种遗憾呢？

外界不怎么了解我们敏感的灵魂、我们的脆弱、体贴和洞察力，这难道不是一种缺憾吗？有时候，这些特质让人很痛苦。可有时候，它们会给你难忘的体验。

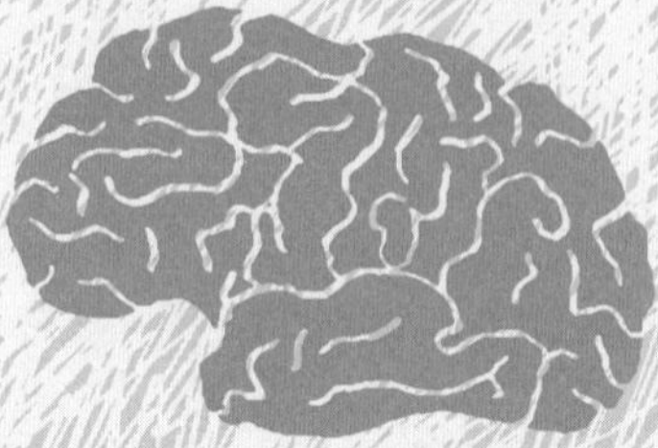

科学家表示，内向人士的大脑对多巴胺更敏感，所以很容易会感到超负荷。当我们冒险、遇到新朋友、极度兴奋的时候，大脑会分泌多巴胺。当我们注意力高度集中，如阅读时，大脑会分泌乙酰胆碱。内向人士并不需要很多刺激因素，更喜欢在独处中养精蓄锐。

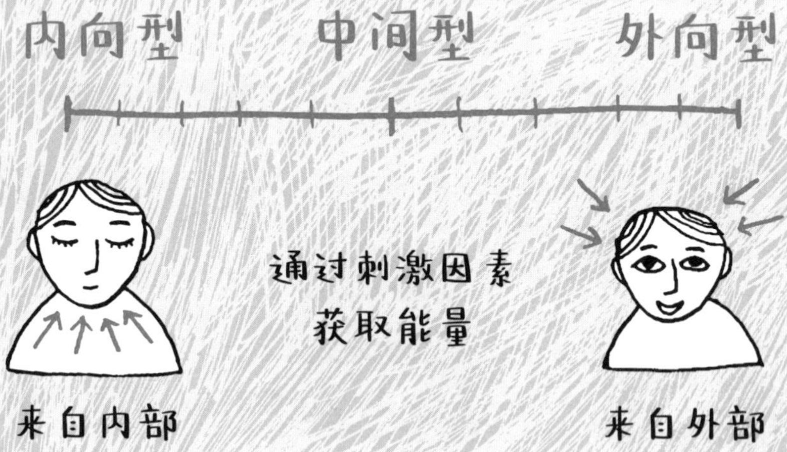

不存在绝对的内向型人或外向型人。我们都在标尺的某一处，而中间型人在正中间。

关于内向

~ 内向型人需要通过独处来“充电”。

~ 他们从（较为复杂的）内心世界获取刺激因素，这对他们很重要。

~ 他们习惯于观察、倾听，而不是表达。

~ 有创意的人通常是内向型的。

~ 他们也能享受社交的乐趣，只是很快就疲倦了。

~ 他们没什么存在感，所以容易被人低估。

~ 许多内向型人都高度敏感（参见下一章）。

~ 随着年纪的增长，他们对独处的需求也许会改变。

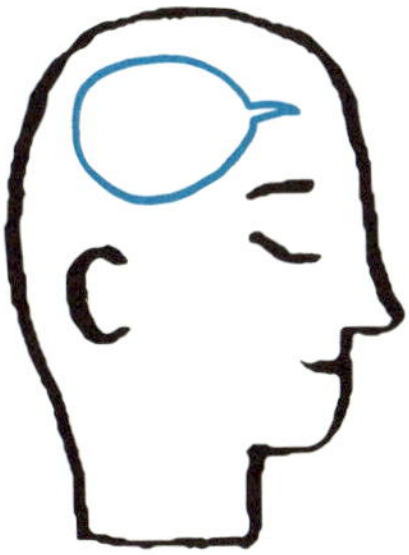

内向型人

有自己的内心独白。
会在思考之后表达想法。

外向型人

倾向于说出心中的想法。
动嘴比动脑子还快。

内向型人的特质

- 内向型人关注细节。有些内向型人还有完美主义的倾向。
- 他们会探寻问题的来龙去脉，再用独到的视角分析问题。
- 他们一丝不苟、尽心尽责、锲而不舍。
- 他们会认真倾听。
- 他们注意力很集中，一心一意。
- 他们审慎、稳定、可靠。
- 他们喜欢用自己的方式做事，不愿意受拘束。
- 相比流于表面的闲聊，他们更喜欢深刻的对话。
- 他们不善应对过多的刺激因素。

我们太喜欢
深刻的长谈了！

琐碎、肤浅的流言蜚语
对我们毫无意义。

走自己的路

也许道路蜿蜒曲折、
错综复杂、费时难行，
但那是我自己的路。

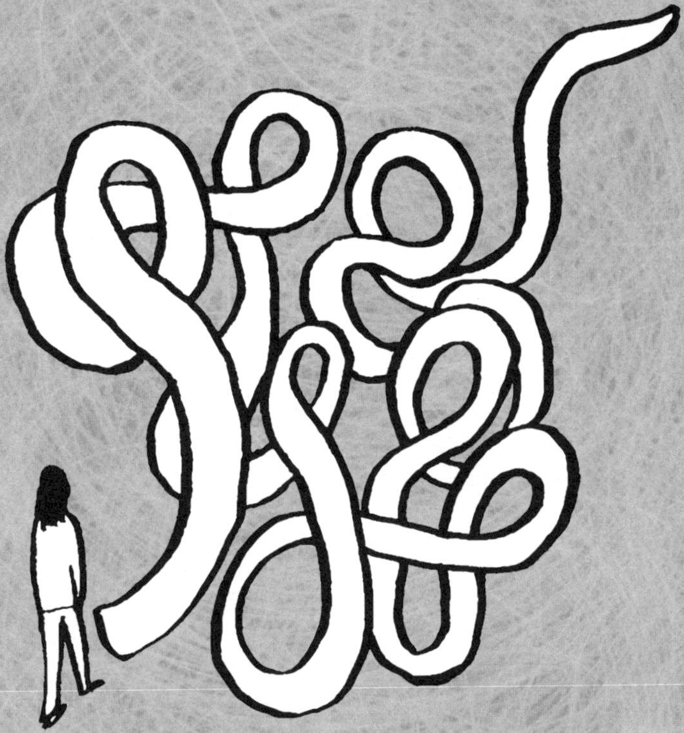

自主、自立，
对内向型人很重要。

我能看到
现象之下的问题，
我能融会贯通。

沉浸在神秘之中

我们喜欢挖出那些藏得深、难觉察的事物，人们能感受到它们的存在，却看不到它们。

我们喜欢在黑暗中漫步，遵从直觉和内心的声音。这样做，我们就能自由自在、无拘无束。我们喜欢发掘宝藏，即便发掘的过程很艰辛。有时候，我们能看到宇宙中的万事万物，以及它们之间的联系。而有时候，我们连买东西都困难重重。这不就是人类的奇妙之处吗？

有时候，我们沉浸在无数的想法中。和宇宙一起流动是莫大的乐事，让我们感到无比充实。

典型的外向型人

典型的内向型人

这是一种简化的描述，但也许能帮我们更好地理解外向型和内向型人的性格特质与需求。万事万物都不是非黑即白的，我们都有外向和内向的那一面。每个人都是独特的，不要简单地把人归于某一类。有时候，我们要面对外界；有时候，我们要面对内心。我们的目标应该是达到平衡。

互相成就

~ 内向型人可以从外向型人身上学到：

松弛，从容，开放，冒险精神，冲突管理能力。外向者会打破封闭、静止的环境，直面压力，积极行动，顺利地推进事情。

~ 内向型人的深度、创造力、聆听他人的能力以及三思后行的能力，都能让外向型人受到启发。

阴和阳是生命中两股截然不同的力量，它们来自宇宙的本源和内在的平衡。阴阳之间的张力会迸发出无限的创造力。内向是阴性的特质，而外向是阳性的特质。二者相依相生，没有优劣之分。我们每个人都具有独处与社交的能力，也都需要独处与社交。我们渴望发掘内心未被开发的内向属性或外向属性，让自己变得更完整。

卡尔·古斯塔夫·荣格

(1875—1961)

瑞士著名的心理学家、神秘主义者，
师从西格蒙德·弗洛伊德

在著作《心理类型》中，荣格首次描述了内向和外向。

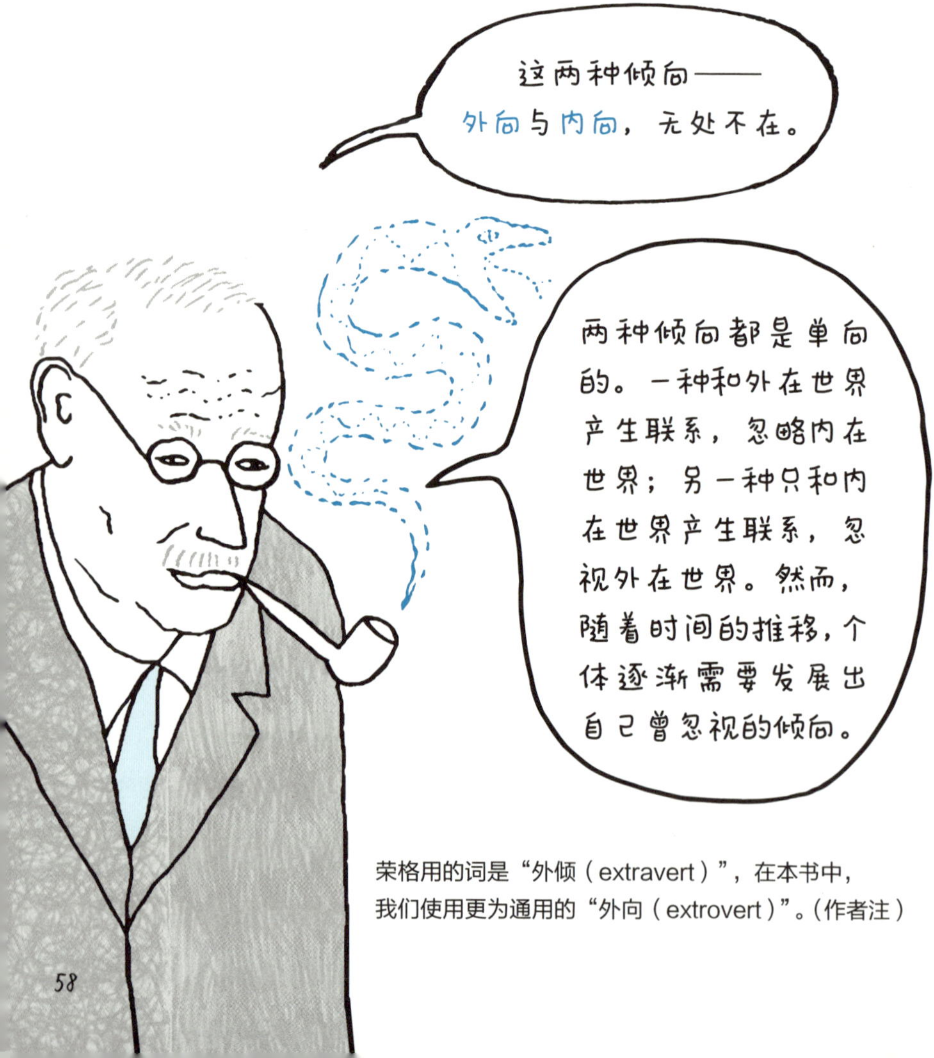

荣格用的词是“外倾（extravert）”，在本书中，
我们使用更为通用的“外向（extrovert）”。（作者注）

荣格是个敏感、忧郁的孩子。在9岁之前，他一直是家里的独子。父亲是瑞士改革宗教会的牧师。在学校里，他沉默寡言，经常遭受同班同学的欺辱。他蜷缩在幻想的世界中。

荣格的人生很精彩。“共时性”是他提出的概念之一，即对参与者影响深远的许多事件会莫名其妙地同时出现。这种看似不可能的巧合，仅用逻辑是无法解释的。

荣格的一位患者梦到了圣甲虫。她和荣格讲述这个梦的时候，窗户上出现了一只甲虫。甲虫长得很像圣甲虫。在古埃及，圣甲虫代表了重生。这位原本康复进程缓慢的病人，从此竟逐渐恢复了……

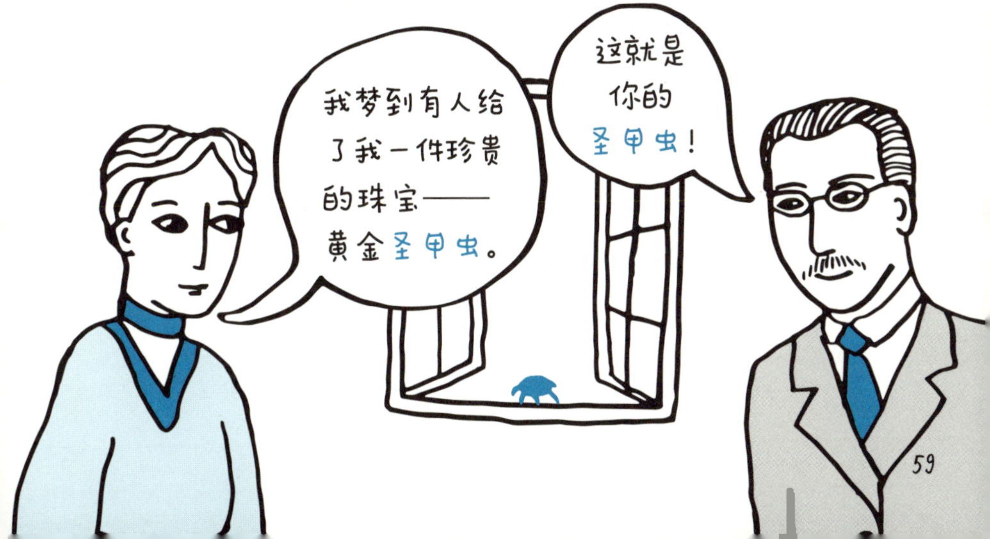

自然界里的内向型和外向型
动物生存策略

根据荣格的理论，自然界中有两种适应性变化：外向型和内向型。外向型生物的繁殖能力更强，防御能力较弱，寿命较短。内向型生物更注重各种防御方式，繁殖能力较弱。这两种变化都很常见，也很有效。

蚜虫
——繁殖能力最强的生物

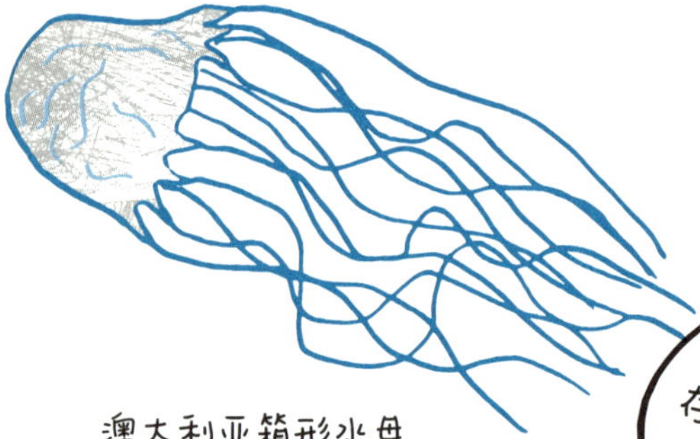

澳大利亚箱形水母
——毒性最强的生物

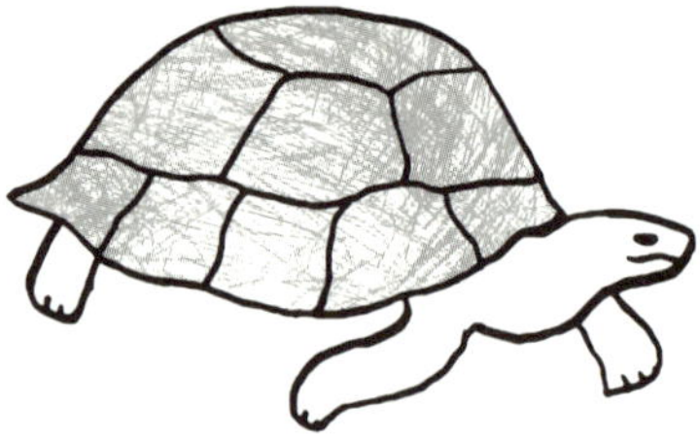

巨龟
——长寿生物

缓步动物
——生命力最顽强的生物

内向型和高敏感人士

很容易感到

筋疲力尽

如果他们无法安静地独处，

就会变得易怒、焦虑、疲惫。

开放式
计划
冲突
压力
敌意
烦心
疏忽
紧张
暗涌
矛盾
焦虑
内向型人的噩梦

我最喜欢的工作环境

对内向型人来说，开放、吵闹、隐私空间极小的办公室是最恶劣的办公环境。他们的身体会释放“压力荷尔蒙”皮质醇，让人无法集中精神。

内向型人得全神贯注，才能投入到喜欢的活动中。当他们把天赋发挥到极致时，就会进入心流的状态，效率也会达到最高。“心流”这个词是匈牙利裔美籍心理学家米哈里·契克森米哈赖提出的。

在安静、无干扰的环境中，内向型人可以高效工作，发挥创造力。这个要求和开放性计划南辕北辙。

疫情时期的内向型人

好处

强制距离

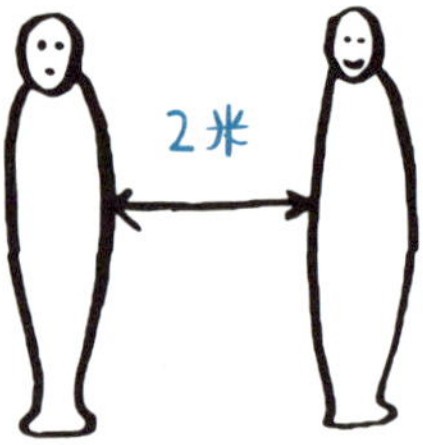

戴口罩

不用
出门社交

弊端

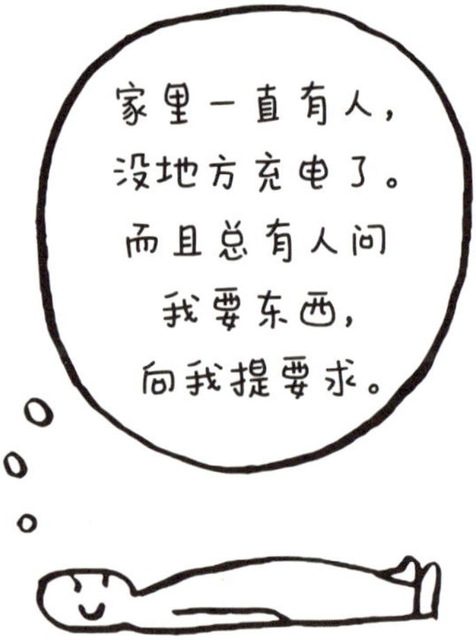

不得安宁，
没有独处的时间。

内向型妈妈

结束了普通的一天

疫情期间的夜晚

疫情时期的悖论

刚开始时　　　　一个月后

两个月后

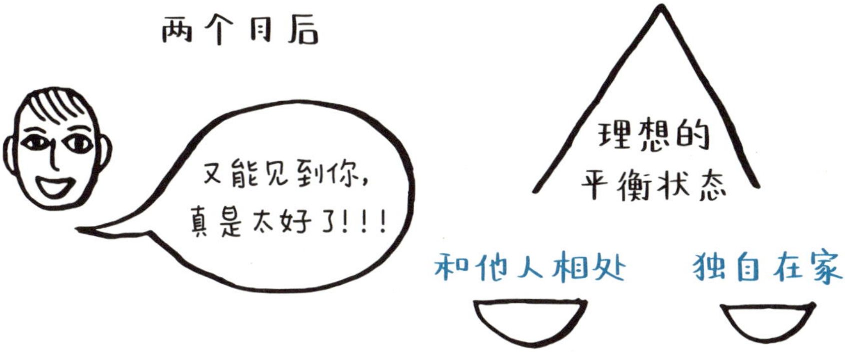

离群索居的内向型人要面临的风险

注意，不要突破独处和离群索居的微妙界限。不要让独处成为躲避他人的习惯。如果你已经出现这样的状况，可能会有抑郁、焦虑和心理依赖的问题。

4

高度敏感

“面对他人的审视，

你仿佛被架在火上炙烤。

生活的打击与灾祸一个、一个接一个。

烤架上的你一丝不挂，

淌着亮晶晶的汗水。”

——捷克歌手菲利普·托波尔

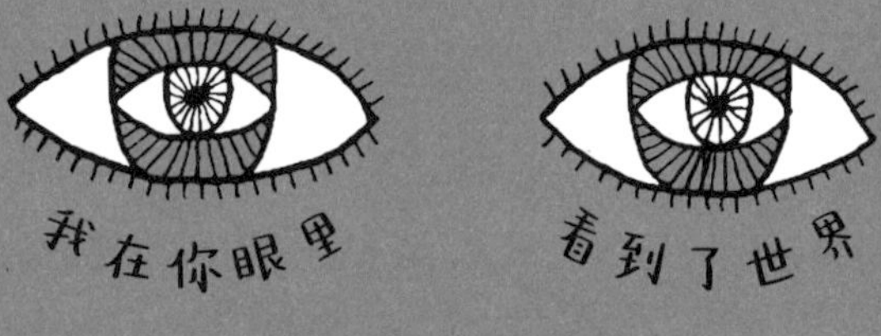

有时候，
生活让人痛苦……

潜力巨大的天赋

我们身边有约20%的高敏感人士（high sensitive people，简称HSP）。

有资料称，高敏感男性和女性的人数一样；也有资料称，高敏感人群绝大多数是女性。大部分高敏感人士是内向型人（约30%是外向型人）。

艺术家中，有很多高敏感人士。

高度敏感是神经系统的一种属性，可以通过脑电图测得。

伊莱恩·阿伦格

出生于1944年

心理学家

研究兴趣为高敏感人群

著有《天生敏感》

（*The Highly Sensitive Person*）

高敏感人群的特质

~ 高敏感人想问题时，会深入联系前因后果。

~ 他们有超乎寻常的直觉力，对经验的感知能力极强。

~ 他们热爱自然，审美能力强，富有创意。

~ 他们对机遇和危险比较敏感。

~ 他们需要探索生命的深层意义。

~ 他们会抱着同理心聆听他人。

高敏感人士可以提前感知危险。我们可以把他们称作社会的感应器或地震仪。在大自然中，高敏感对物种求生来说，有很高的策略意义。有的人天生高敏感，有的人是后天的，比如说，可能是由创伤造成的。这类状况不是疾病，也不是诊断结论。高敏感人群虽然是少数人，但很正常……

高敏感人士的困境

~ 高敏感人士容易感到疲累。他们可能会筋疲力尽。

~ 他们容易失去自己的观点，也容易心烦意乱。

~ 他们自我要求很高，会承担过多的责任。

~ 他们应该注意设置边界。

~ 他们可能会受焦虑困扰，也厌恶风险。

我们不太会设定情绪边界

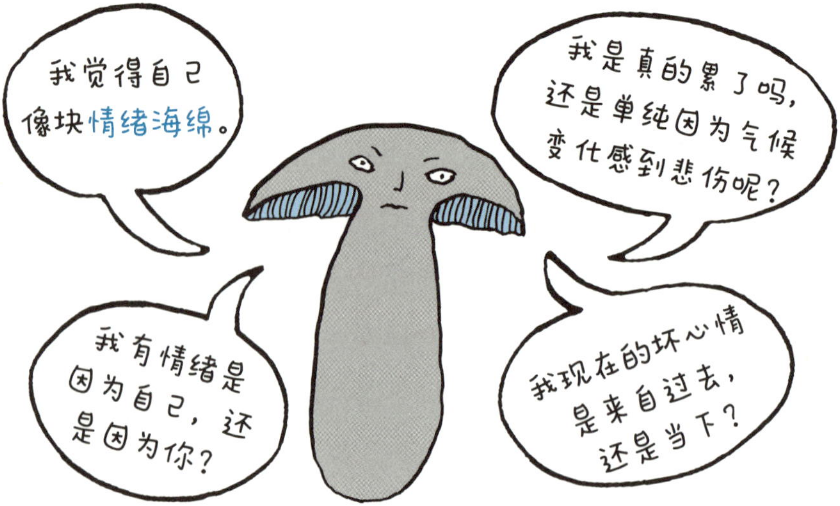

我有
许许多多……
我们多么
敏感啊！

经历!
高敏感人士的
情绪深刻，
影响巨大。

我们受不了冲突

冲突会消耗我们大量的能量。我们能理解冲突双方的论点，所以很难不投入自己的情绪……

我们有丰富的想象力

我们善于设想灾难性的场景，想象难以想象的画面。有些人还会为最糟糕的结果做准备，以缓解内心的担忧。我们的脑海中永远有数不尽的想法，但要怎么把它们付诸实践呢？

我们的边界

当我们深受他人影响，
无法做自己时……

可惜，敏感、有共情能力的人，抗压能力都不是很强。

我们不怎么外露自己的情绪，但这不意味着我们不愿体验不同的经历。事实正好相反！

我觉得自己不被重视

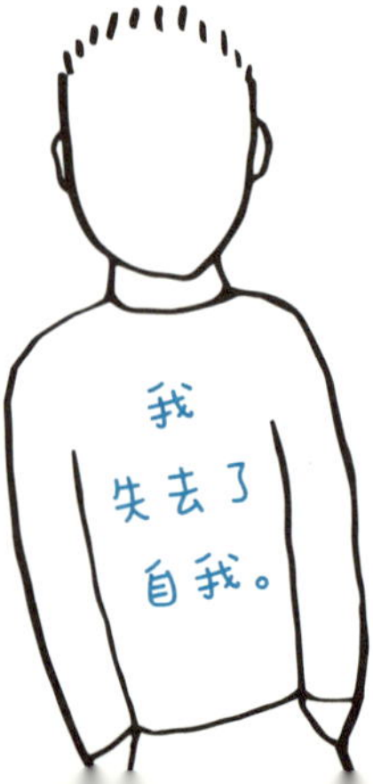

我无法
控制自己，
失去了应有的边界。

有时候，
我觉得
自己好像
没有皮肤。

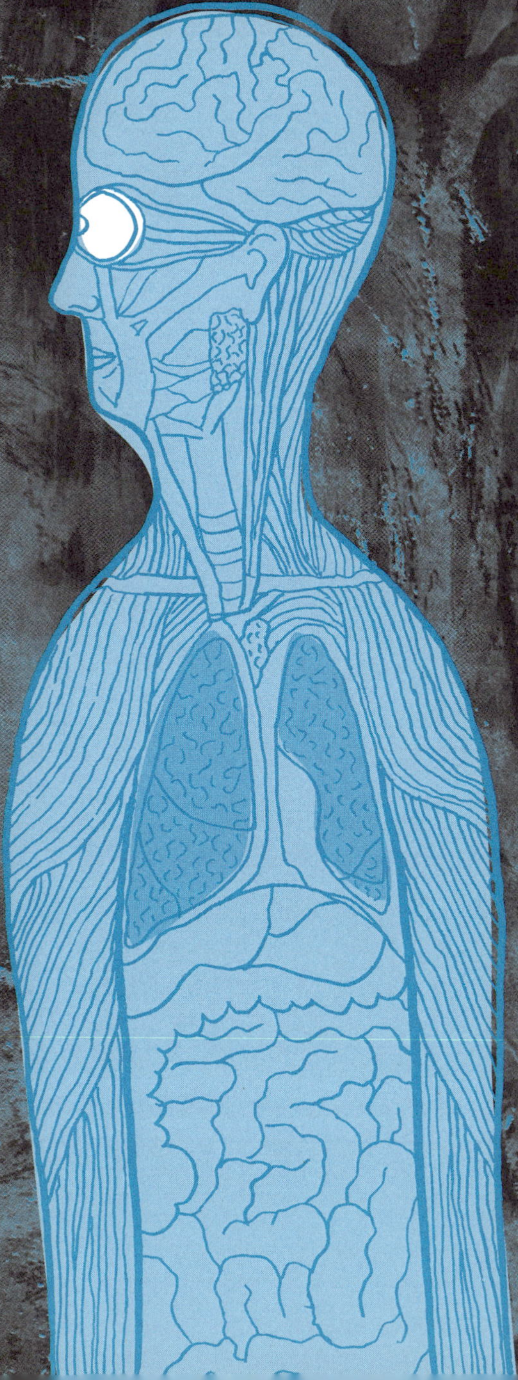

我要爆炸了……这些都让我头疼！

我被压垮了，我的边界也被打破了……

这对我来说太沉重了，我承受不了了。

我紧张、疲惫、易怒。

我的话语像匕首，像针尖。

我咆哮着，尖叫着。

我大哭……

你也会这样吗？

对高敏感人士来说，“不”是一个很重要的字，但有时候，他们很难说出“不”。说了“不”，我就把自己的意图说明白了。我不用总是那么善解人意的。我有权设置自己的边界。

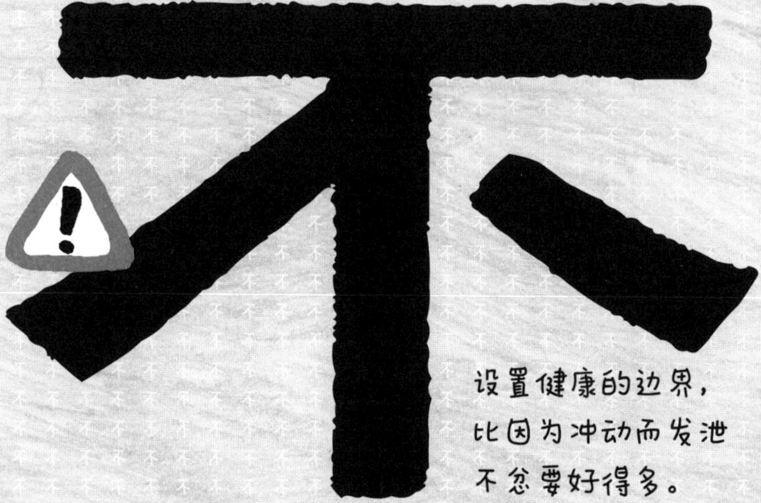

设置健康的边界，
比因为冲动而发泄
不忿要好得多。

边界具有至关重要的保护作用

不忿阶段

不得不接受、
忍耐打扰自己的事物。

理解阶段

承认某些事物
确实打扰了自己。

质疑阶段

害怕面对冲突
或遭到拒绝。

表达阶段

别人对我的话置之不理

他们对我“踢皮球”。

A：找B去解决。B：你去问A。

他们只会无视我。

他们会不断地攻击我。

“这都是你的错！”

抵触阶段

迷雾越来越浓，问题愈演愈烈，情况变得很糟糕。

胜利阶段

虽然不能解决所有问题，但起码达成了一致……

滴水穿石

虽然努力不一定有结果，但努力尝试仍是有意义的！

如果事情不顺利，也不要灰心丧气，或是贬损自己。

边界与防御

大自然赋予了每个人灵活的边界。可如果我们轻易移动自己的边界，就容易丧失自我。许多人会通过加强防御来捍卫边界。过度防卫会让我们无法亲近他人，但另一方面，我们也可能过度敞开心扉。

健康的边界是有弹性的，就像有天然防御功能的细胞。它们会根据周围的环境做出反应。

堡垒

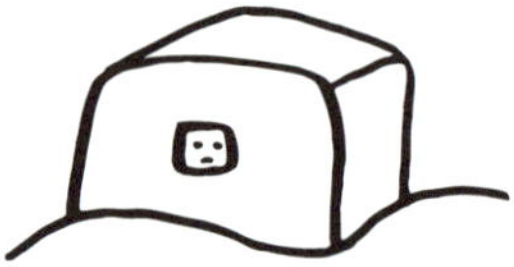
水泥地堡

无限的善意

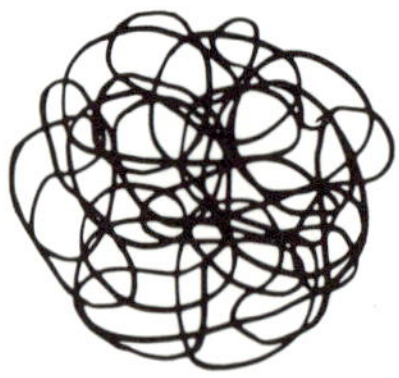
迷雾

细胞

世界上不存在永远通用、永远有效的边界。我的边界向自己和身边的人展示了我是谁。

内向与高度敏感

内向与高度敏感是一回事吗？不尽然。在某些情况下，二者是一回事。内向的人和敏感的人有许多共性。所有高敏感人士和内向人士一样，都想得很多，会听取自己内心的声音，会尊重自己的直觉。30%的高敏感人士是外向的，他们有很多朋友，喜欢结交陌生人，也喜欢参与集体活动。与他人相处让他们有安全感，也许因为他们是在人口密集的社区长大的。

因为我们格外敏感，
有时会把无关紧要的琐事
看得过重。要警惕！

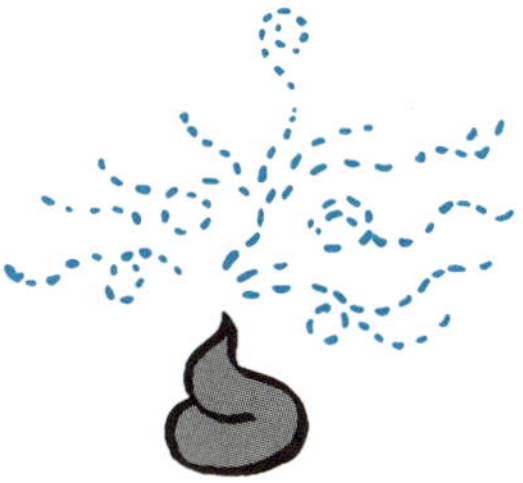

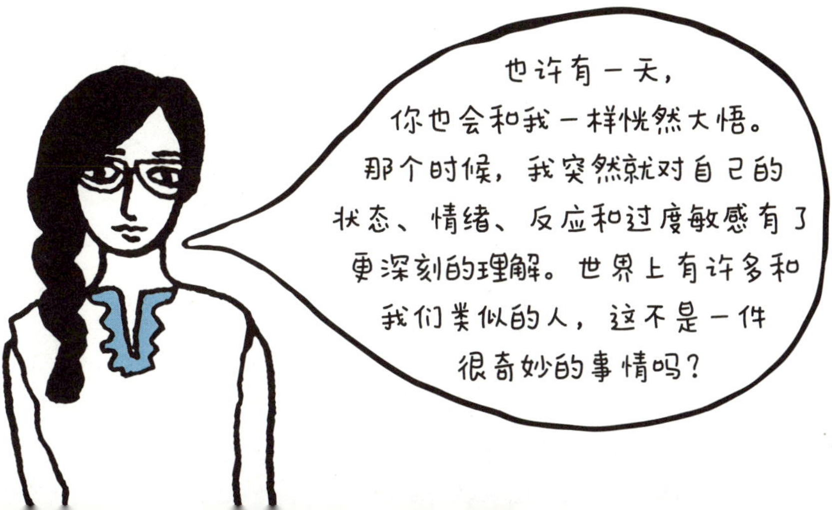

5

脆弱的处境

在世界中迷失自我，和现实磕磕碰碰

“万物皆有裂痕。
那是光照进来的地方。”
—— 莱昂纳德·科恩

沉思

内心世界太丰富也是有缺点的。若它比外面的世界更纷乱，我可能会坐过站或忘事。

重要的电话

进城

在购物中心

购物前

购物后

在商店里

当我需要向他人求助

隐入人群

为了不引人注目，为了保有安全感，
我让自己隐身于群体中。

容易无条件附和

遇到话痨

一头热的同理心

如果身边的人利用你的同理心，你的付出不会得到同等的回应。

我的童年

我成为妈妈之后

无穷无尽的母职愧疚

如果孩子在街上发脾气，我会责怪自己。休产假的时候不怎么和其他人接触，很容易丧失自我价值感。

如果我订的住宿很糟糕……

如果有人撞到我……

内向的悖论

一旦灵感迸发，我就想自己一个人做一些创造性的工作……
这些东西怎么能给别人看呢？
如果要我展示未完成的作品……
好尴尬，我不能把还没做好的不完美的作品拿出来……
当我不堪重负，想要责怪他人时……
没人在乎我！他们怎么就看不出来我需要帮助呢？！

捉迷藏

我受够了社交，
可又无处
可藏……

外向人士也许会觉得内向人士过于高冷、难以接近。但是有时，我们只是筋疲力尽了。

伤人的话语

我很容易受到伤害，尤其是在疲惫的时候。突如其来的伤人话语，会把我伤得很深。

情绪的死循环

如何挺过/享受派对

为什么要强迫自己交朋友呢？

6

沉默不语

“欲言又止，不如实话实说。”

——马克·吐温

大部分内向敏感者都不喜欢当众讲话。我们不想被权威、陌生人，甚至是亲密的人评价或批评。当众讲话时，我们无法放轻松。

我的想法和心路历程

我的语言表达

要表达自我，我得先有安全感，有充分的表达欲，且准备充足。

当我用正常的音量讲话……

当我觉得自己在嘶吼……

在他人眼里，内向型人的情绪变化

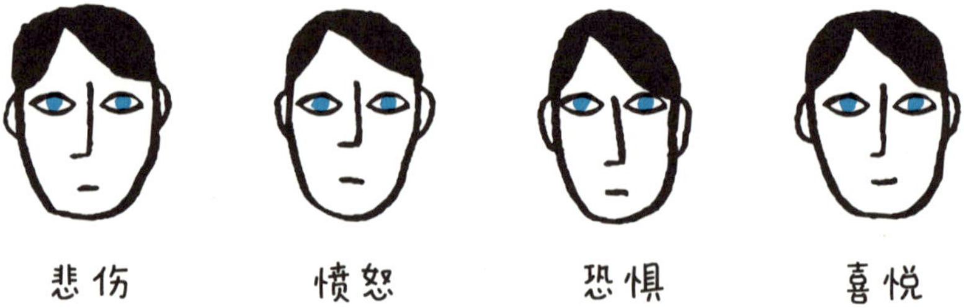

安静的人和她身边的人

她在想什么？我看不出来。
老天，我不知道该说什么。我能说什么呢？他们会怎么想我？好别扭啊。我不想出错，我不想把事情搞砸。
其他人可能会想……
她觉得自己与众不同。
她不理我们。真是又傲慢，又古怪。
她来这里做什么？为什么一句话都不说？
她不说话，是看不上我们吧。她为什么看上去兴致缺缺呢？

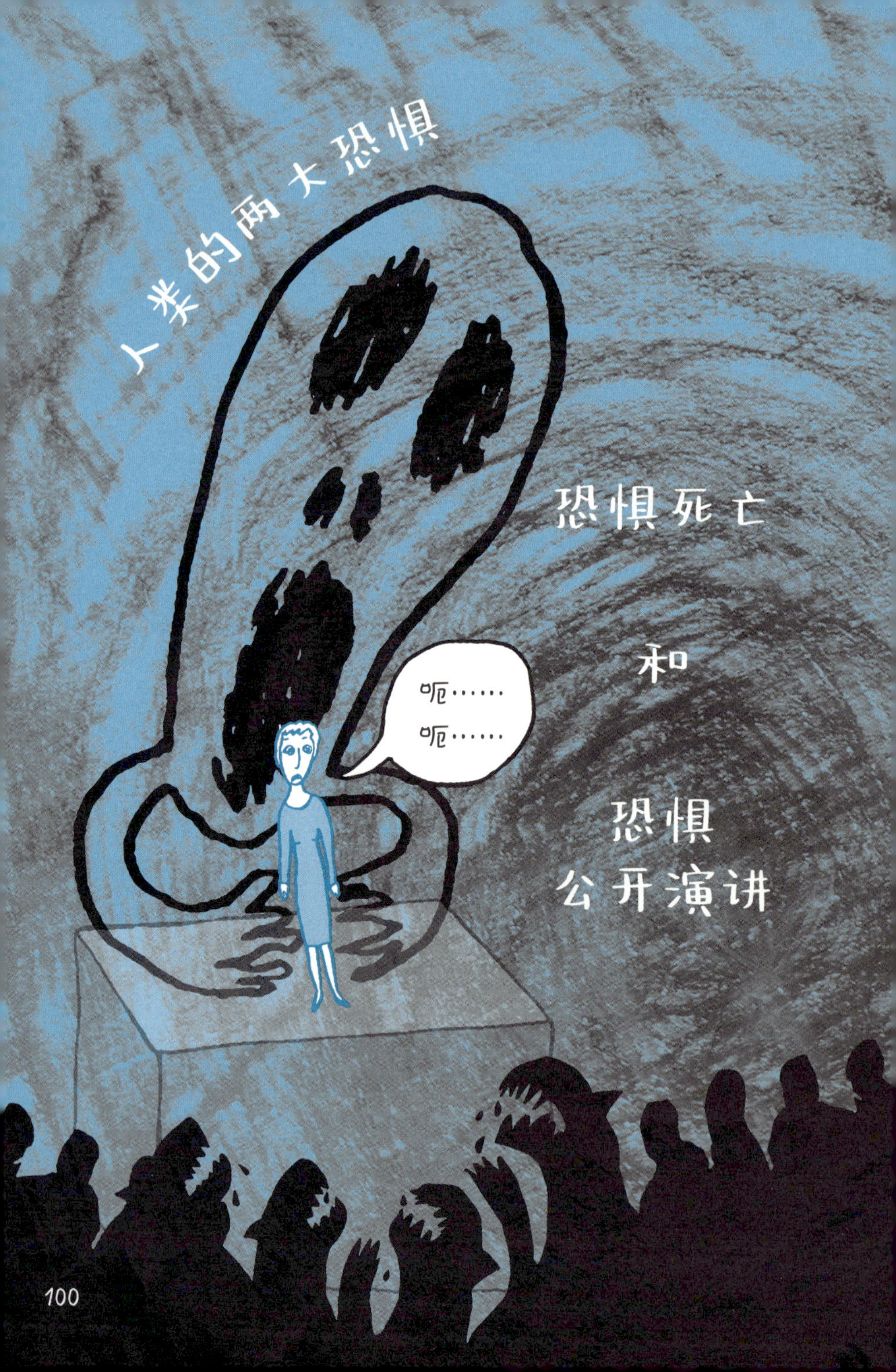
人类的两大恐惧
恐惧死亡
和
恐惧
公开演讲
呃……
呃……

75%的人害怕公开演说，不光是内向人士。

在毫无准备的情况下，公开演讲是非常难的。

几千年前

在万众瞩目下，我们的大脑总会做出同样的反应。对许多人来说，对公开演讲的恐惧，等同于对死亡的恐惧。

怯场及其症状

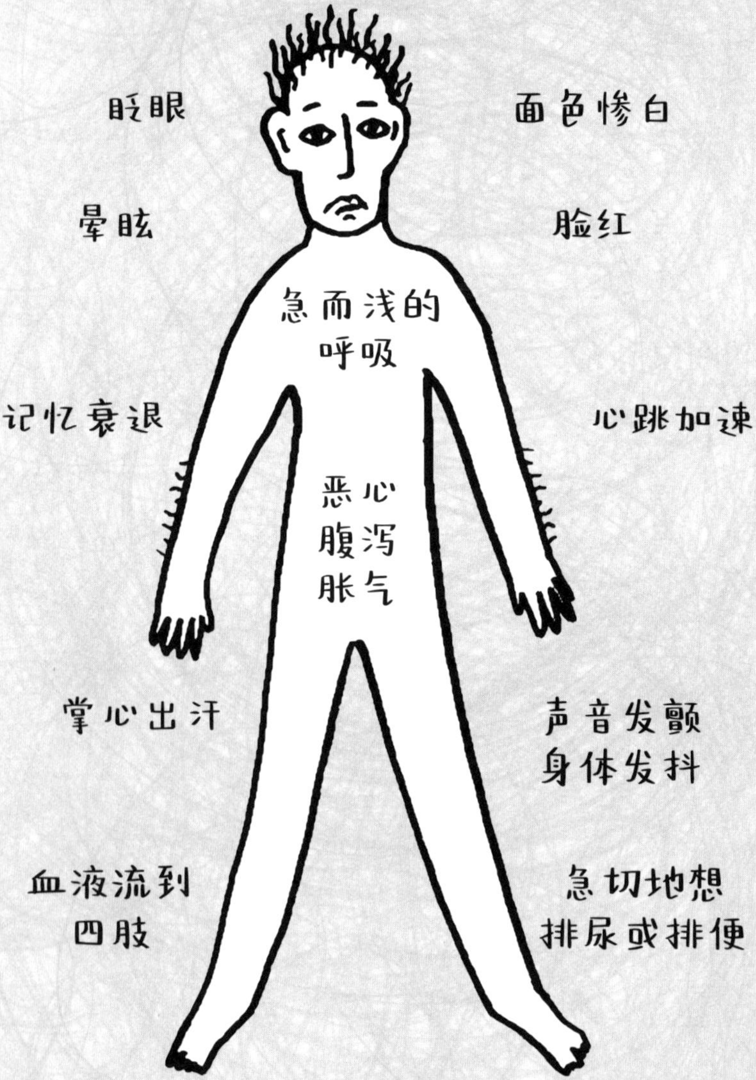
眨眼
面色惨白
晕眩
脸红
急而浅的呼吸
记忆衰退
心跳加速
恶心
腹泻
胀气
掌心出汗
声音发颤
身体发抖
血液流到四肢
急切地想排尿或排便

公开演讲时我们可能会……

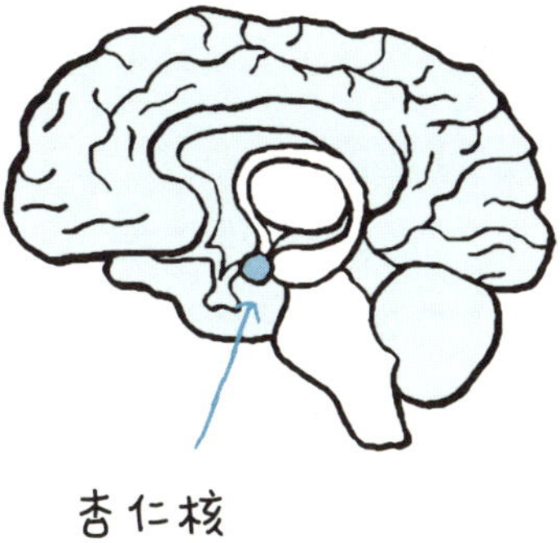

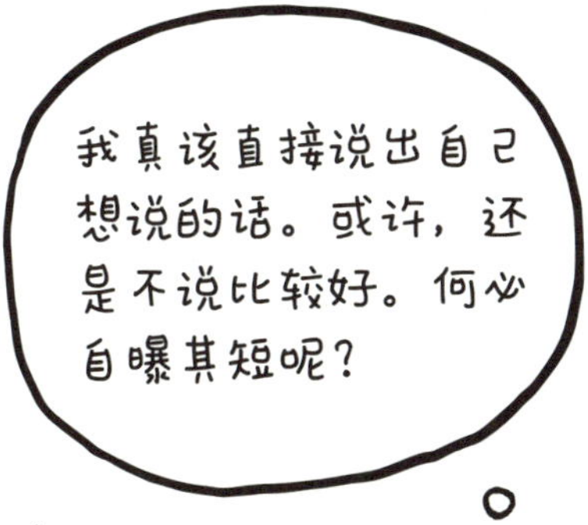

怯场是一种身体反应，肾上腺会释放名为肾上腺素和皮质醇的压力激素。它刺激杏仁核，促使机体做出反应——攻击、逃跑、僵住。最糟糕的情况就是恐惧会让人瘫痪。

成功的公共讲演并不取决于你是否有超凡的个人魅力，或是否有演讲天赋。我们可以多学、多练，来打磨演讲技巧。许多演员和博主都是内向型。我们可以表现得很外向，尽管过后会感到疲惫。如果我们所做的事情带来了充分的成就感，如果我们有做事的内驱力，就能比较容易地掌握外向型人的技巧。

巴拉克·奥巴马

出生于1961年

2009年—2017年任美国总统

奥巴马的雄辩让美国人为之一振。他花了好几年锻炼自己的修辞能力。一开始，他也不擅长当众演讲，外界评论对此批评不断。

内向型人发言的优势

~ 他们能捕捉本质，他们讲话有条理。

~ 他们不会操之过急，不会浪费听众的时间。

~ 他们专注力强，讲话铿锵有力。

~ 他们能和听众共情。

如何克服怯场，完成一场出色的演讲

~ 讲话时，心里想着做这件事的深层意义，这样就能把注意力从自己身上转移到更高的目标上。

~ 准备充足，可以试试把讲话的提纲列出来。

~ 多多练习公开演讲，提升自信心。

~ 缓慢悠长的呼吸能舒缓紧张的情绪。

~ 关注细节，让听众保持兴趣。

~ 就算在公共场合无法发表演讲，你也可以通过邮件和网络聊天进行顺畅的沟通！

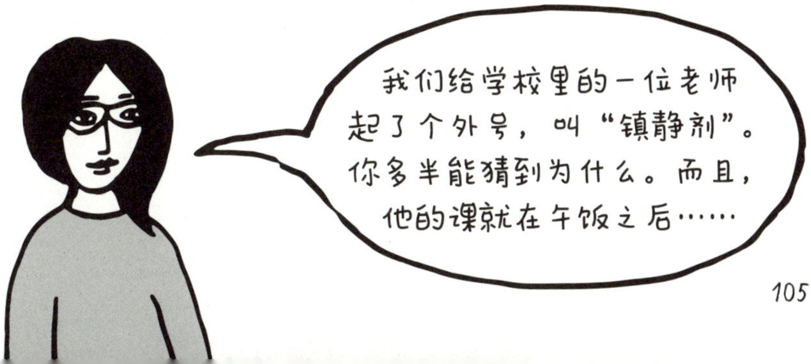

7

著名的内向型人和敏感人士

故事、启迪、新知

你可以温柔地
撼动这个世界。
圣雄甘地
(1869—1948)
印度民族运动的政治、精神领袖

甘地小时候很害羞，不敢和人接触。上学之后，他热爱学习，只想与书为伴。一放学，他便匆忙回家，避免和其他人说话。他怕蛇，怕黑，怕鬼，怕小偷。

青年时期的甘地加入了素食主义协会。他无法在协会的集会上表达自己，甚至没办法读出准备好的字条。之后，他学会了调节害羞的情绪，但一直无法彻底克服它。

后来，甘地成为帮助印度走向独立的政治和精神领袖，或许是因为他克服了害羞，又或许是因为害羞成就了他。他被称为“国父”。

他用非暴力的方式进行反抗，如游行、绝食抗议。他实践的非暴力不合作运动又叫“坚持真理”。在他看来，害羞给予他力量。

弗朗茨·卡夫卡

(1883—1924)

作家

玛丽·斯可罗多夫斯卡·居里

(1867—1934)

两届诺贝尔奖得主，

1903年获诺贝尔物理学奖，

1911年获诺贝尔化学奖

玛丽·居里从小就对科学充满热情。由于华沙大学不接收女性，她便离开波兰，赴法国求学。她把在女子学校教书的收入，投入到自己的第一次研究中去。她坚持不懈，克服了许多困难。

阿尔伯特·爱因斯坦

(1879—1955)

理论物理学家、科学家，

1921年诺贝尔物理学奖得主

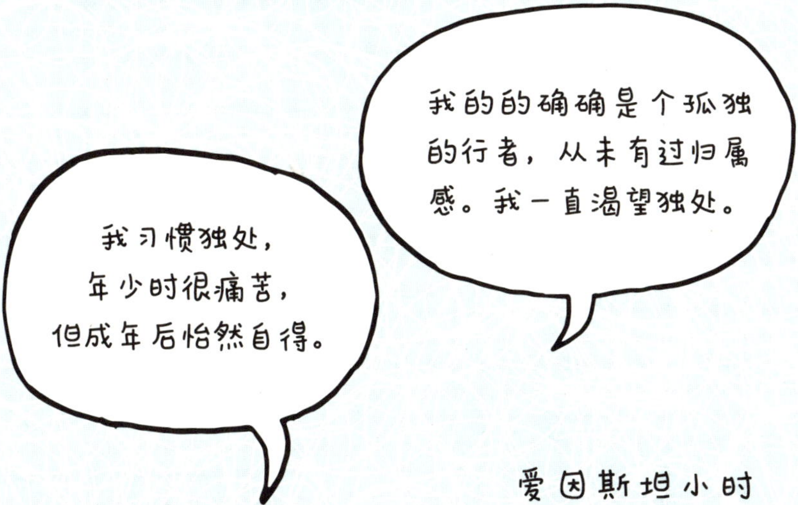

爱因斯坦小时候曾被批评学得慢，也许是因为他为人害羞，又有阅读障碍。但成年之后，他不但在科学研究上卓有成就，也不吝于为社会事件发声。

罗莎·帕克斯

(1913—2005)

为非裔美国人争取权利的社会活动家

1955 年 12 月 1 日，在美国阿拉巴马州的蒙哥马利市，42 岁的罗莎·帕克斯登上了一辆公交车。下班后筋疲力尽的她坐在了车厢内的“有色人种”区域里。当时，美国实行种族隔离的措施，公交车前排给白人乘客坐，后排则给黑人坐。种族隔离措施也适用于饭店、电影院和学校。随着车上的人越来越多，司机让罗莎把座位让给一个白人乘客。

罗莎拒绝了司机的要求，也就此触发了 20 世纪最重要的民权运动之一。司机让警察逮捕了罗莎，她被以行为不检的罪名起诉，还遭到罚款。这件事也促使浸信会牧师马丁·路德·金发起了一连串抗议活动。

城市里 4 万名黑人居民大多挺身而出，抵制公交车，他们徒步或搭计程车上班，以此来支持帕克斯，反对荒谬的法律。抗议持续了 382 天，终于，公共交通的种族隔离法律被废除了。

罗莎·帕克斯一生获得了许多荣誉，她也逐渐成为为人权而战的象征。

罗莎·帕克斯是个安静、温和、谦逊的人。但她非常勇敢，内心坚定。

在她拒绝让出座位的时候，没人能想到这将引发巨大的社会变革。

自由
停止
种族隔离！

尼古拉斯·温顿

（1909—2015）

英国银行家、慈善家

第二次世界大战期间，尼古拉斯·温顿参与拯救了669名犹太儿童。1939年，他安排了8辆从布拉格到伦敦的火车。他在报纸上刊登小广告、安排签证、填写表格，给孩子们寻找养父母。他为人十分谦逊，在之后五十年左右的岁月里从未把救孩子的事情告诉任何人。

温顿80岁时他的妻子在阁楼里发现了名单，并把这份旧文件拿给史学家看。没多久，温顿就受邀上了英国广播公司的电视节目，还被告知他会见到一些“熟人”。可以想象，当他发现“熟人”竟然是他解救过的孩子，还都长大成人了，他有多么欣喜！因为这些默默无闻的英雄事迹，他获得了许多荣誉，享年106岁。

艾塞克·牛顿
(1643—1727)
物理学家、数学家、天文学家、炼金术士
为什么我会有这么多奇妙的发现呢？因为我善于思考。
独处是发明的秘诀；独处时，灵感才会迸发。
尼古拉·特斯拉
(1856—1943)
物理学家、发明家

托伊恩

(1902—1980)

法籍捷克裔画家

史蒂夫·沃兹尼亚克

(出生于1950年)

电脑工程师、程序员，和史蒂夫·乔布斯共同创立苹果公司，打造了第一台苹果电脑

安托万·德·圣埃克絮佩里

(1900—1944)

《小王子》的作者、飞行员、哲学家

瓦茨拉夫·哈韦尔

(1936—2011)

捷克剧作家、作家、政治家，
最后一任捷克斯洛伐克总统，首任捷克共和国总统

尽管哈韦尔在世界备受尊崇，捷克民众还是希望他能成为一名自信的领导。他的领导方式与众不同，是一种询问和哲学的方式。他是完美主义者，厌恶冲突。许多人怀疑他精神状态不佳。在公众场合，他谦逊、含蓄。流于表面的观察员说他不切实际、放荡不羁、白日做梦、优柔寡断、心慈手软、胆怯心虚、软弱无力、逆来顺受。然而，他并非逆来顺受者。他用自己的方式敢作敢为、勤勤恳恳、一往无前。

伊丽莎白二世
(1926—2022)
英国女王
往往积跬步，
而不是大跨步，
才能带来持久变革。
如果我们深究无法
“断舍离”的原因，
往往会得到两个结果：
一是对过往的留恋，
二是对未来的恐惧。
近藤麻理惠
(出生于1984年)
日本作者，整理顾问，
著有《怦然心动的人生整理魔法》

苏珊·凯恩

（出生于1968年）

畅销书

《内向性格的竞争力》的作者

邓雪美

（出生于1990年）

《HELLO，最好的自己》的作者

8

我们的人际关系

伴侣、家人、孩子

“独处是美好的，
但要有人能与你畅谈独处之美。”
——捷克作家约瑟夫·福塞克

我们要见面吗？
是什么阻碍我们了解对方？

在这个盛行网络交友、社交媒体的数字时代，
我们有很多朋友，却又是独自一人。

在伴侣关系中的
敏感人士与内向人士

如果我们遇见了完美的另一半：

内向人士与外向人士	内向人士与内向人士
双方有不同的需求是很正常的。给彼此空间，也要迁就彼此。外向型人有许多朋友，爱去许多地方。内向型人需要独处的安静时间。	他们尊重彼此，倾听彼此的心声。相处中少有冲突和摩擦。尽管这样的关系看似完美，但可能会让人觉得停滞不前、了无生气。

许多内向人士愿意保持单身。

高敏感人士的伴侣关系

对许多高敏感人士而言，伴侣关系的影响强烈又深刻。他们激烈的情绪也许会吓到伴侣。彼此之间可能会产生误解。高敏感人士应该和伴侣讨论自己的敏感特质。不怎么敏感的伴侣也许能为更敏感的一方提供稳定的情绪和秩序感，成为他们在情绪海洋中的锚。

一起独处

内向人士的伴侣关系

各自独处虽好，但我们不能忘了要一起过日子。

内向型人经常需要独处。但这并不意味着他们不喜欢你。

外向型人需要外出，喜欢和别人相处。

我们需要彼此

伴侣关系中有许多挑战，推动着我们向前。

敏感、内向的孩子

研究表明，大部分孩子就像蒲公英，几乎在任何环境都能茁壮成长，有很强的适应能力。

而敏感、内向的孩子就像兰花。他们在不利的环境中会干枯，在有利的环境中会绽放。

在过去的几十年里，人们探讨了“靛色系孩子”和“水晶孩子”，他们的直觉很敏锐。他们的性格基本上和高度敏感的孩子一模一样。

脆弱的自信

不感兴趣、沉默寡言，比批判性的话语更伤人。大人们也许有自己的考量。但在孩子的眼里，大人的沉默意味着自己没有价值，不被认可。

让我们学会欣赏敏感孩童的独特禀赋

健康的成长，离不开玩耍、休息、良好的人际关系，以及接纳情绪的空间。

敏感的兰花

在有利的环境中，敏感、内向的孩子会变得平和，富有创造力。在不利的环境中，他们会变得悲伤或有攻击性。他们能强烈地感知家庭中的冲突，且难以应对变化。

他们对外界的刺激性体验（如噪音、寒冷、饥饿）更为敏感。紧绷、粗糙的衣物会让他们感到不适，他们喜欢独处，为人害羞，反应较慢，鲜少与人亲近。他们善于和长者相处。父母离婚会给他们带来重大的打击，需要反复确认父母依旧会爱着他们。他们的与众不同和敏感特质，容易让他们成为被霸凌的对象。有时候，高度敏感的孩子还会被误诊为注意力缺陷（ADHD）。

育儿的难题

对内向的家长来说，养育外向的孩子是难题；对外向的家长来说，养育内向的孩子是难题。敏感、内向的孩子会毫不犹豫地怀疑自己，无情地批评自己。他们很容易心神不宁。如果家长在养育过程中感觉困难，孩子可能会把错误怪到自己头上。

养育敏感的孩子

~ 如果他们感受到爱，自信心就会增强。

~ 如果我们不用审视的目光关注他们，他们就会茁壮成长。

~ 要变得坚强，就要接受眼泪。

~ 他们喜欢井然有序、张弛有度，喜欢清晰的边界和温和的规则。

~ 他们需要充分的时间来学会独立。

~ 探讨内向和敏感，能让他们更好地成长。

内向、敏感的家长和孩子

写给敏感的家长：

犯错是完全正常的。不要把失败归结到自己身上。世界上不存在完美的家长，所以我们不应该贬低自己！

孩子是独立的个体，我们也是。

9

独处

安静与我们的禀赋

“独处是创意的关键。”

——苏珊·凯恩

独处与安静之间的关系很密切。

随着年龄的增长，我们对独处和安静的需求也与日俱增。

内向和敏感人士需要通过独处来给自己回血。

最棒的理念和想法都是在独处中迸发的，因为这样做能让我们进入深度专注的状态。

健康的独处与不健康的独处

独处不宜过久。如果长时间独处，容易陷入自己思想和情绪的旋涡。

我们可以在安静的环境里思考、处理、归类、理解问题……

噪音
捶打
疲惫
力竭
劳累
过载
呜呜声
呼呼声
尖叫
尖叫
啊啊啊
拍打声
啪啪啪
砰砰声
嗒嗒嗒
呜呜呜
摩擦声
嗡嗡声
嘶嘶嘶
咻咻声
刺耳的声音
安静
理解
灵感
洞察
想法

终于能独处了
不可或缺的
独处
我在
积聚能量
我听到了
自己内心的
声音。
我在充电。
我在给自己的
小池蓄水。
我如获新生。
我在汲取根脉的能量
我在畅饮
源泉之水。

如何放松、享受

把伪装当作纷繁世界中的自我保护

内向人士的终极伪装

帽衫+墨镜+口罩

耳机

耳塞

传说中的鸵鸟帽（戴在头上的睡袋）

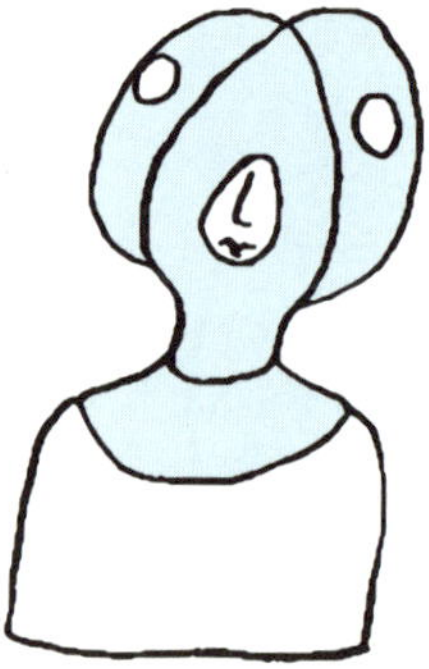

可以随时随地打盹

如何随时随地保护自己的私密空间

掩护、外壳、庇护所

藏身、充电的地方

不寻常的藏身地

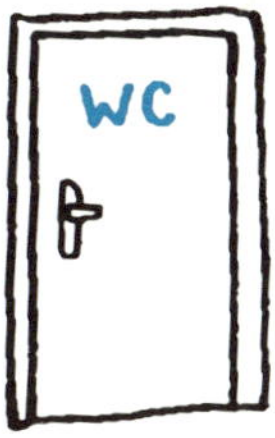

厕所

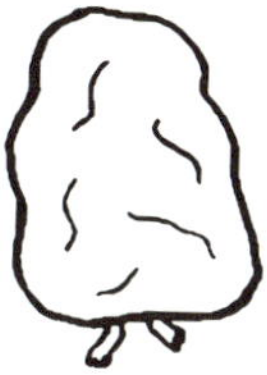

床

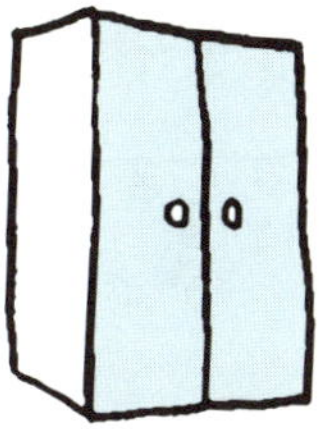

衣柜

储藏室

汽车

乡间

教堂

树屋

不同寻常的庇护所

监狱

充满创造力的独处

许多人能在独处或封闭生活中存活下来，靠的就是创造力。一些人在这个过程中创作了重要作品。复杂的作品需要创作者高度集中，心无旁骛。

安妮·弗兰克
(1929—1945)

二战时期，这位在德国出生的犹太女孩和家人一起躲藏在阿姆斯特丹某处民宅的后屋。她在那里记了两年日记，后来死在了集中营。战后，安妮的父亲把日记出版了。

如今，竟有人为了能在黑暗中独处而花费许多钱，真让人唏嘘感慨！

艰苦岁月中脆弱的力量

据美国心理学家伊莱恩·阿伦研究发现，对于敏感和内向人士来说，学会在苦难中生存是最大的挑战之一。他们最大的难题就是走进外面的世界，而非绝世独立。

我们能沉浸在内心世界中，这种能力可以解除现实的困境。

二战时期，弗兰克尔辗转于几处集中营。他发现，即便在极度受限的情况下，人也能选择如何面对自己所处的环境。

维克托·弗兰克尔

(1905—1997)

神经学家、精神病学家、作家，

意义治疗的创立者，

畅销书《活出生命的意义》的作者

沉默

一些人可以打破沉默、处理无法处理的事情，给他人带来莫大的影响……

我靠自己存活下来。我教会了自己原谅，教会了自己要活得尽情，教会了自己引导别人同样做到这些。这样，我才能走出牢笼——内心的牢笼。这样，我才能获得自由。

伊迪丝·伊娃·埃格尔

（出生于1927年）
心理学家，畅销书
《拥抱可能》的作者

过了许多年，伊迪丝·埃格尔才诉说起自己少年时期在奥斯维辛集中营的故事。她帮助许多人疗愈心灵的创伤。

无人提及的家族禁忌

沉默有时候会在几代人中延续。不知为何，我们总能感到沉甸甸的过往。沉默与情绪麻痹往往会沉重难耐、伤人、恐怖、残酷。

我们可能会把最大的恐惧投射到这种沉默之中。人们总有这样的误解：遭遇了不幸，只要闭口不谈，事情就会过去。但事与愿违。沉默会摧毁人与人之间的关系。把话说出来，往往能治愈创伤。

被迫成为内向人士

儿童时期、青少年时期不愉快的经历，也许会让我们变得极其敏感、沉默寡言。敏感人士极容易受到影响，过往的经历给我们留下了创伤。但与此同时，如果我们做事开了好头，则能又快又有创意地解决问题。

心理治疗和其他方法能帮助我们逐渐改变自己的观念和行为。这样，我们能学会不被痛苦的回忆吞噬，与之共存。把过往经历表达出来是关键。平静、同情、好奇地探索内心，也会对我们有帮助。我们不能否认或逃避自己的觉知。

我们都拥有惊人的（自我）疗愈能力、非比寻常的适应能力和创造力，也有继续生活和继续前行的意愿。

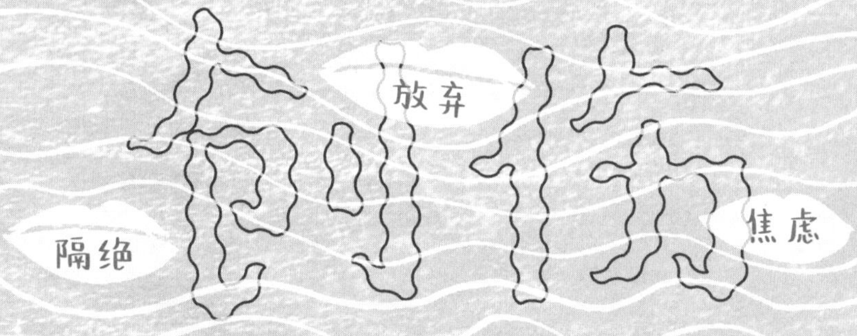

我们的意识会追寻意义

一旦我们开始分享自己的故事，最好是反复分享，事情就会发生转变。我们的意识会寻求意义，我们面对回忆的状态也会发生改变，尤其是当有人善意倾听时。这样，我们就可以治愈自身的创伤，而不把伤痛传递给下一代。

加博尔·马泰

（出生于1944年）

匈牙利裔加拿大籍心理学家，他的研究领域是创伤对成瘾和其他心理疾病的影响

内心的自由与灵性

我们需要参与一些能帮助我们超脱自身的活动。

沉默

秘密

10

如何运用我们的天赋

“勇气是一种愿望强烈的恐惧。”

——保罗·科埃略

跃进未知的世界
即便我不相信自己

我们永远无法做好最充足的准备，

也永远无法捕捉最完美的时机。

自我觉知
观察者
和
客观的
见证者
自我关怀

走出恶性循环

回归身体=回归自我，回归现实

我们在内心世界中感知现实，也就是真实的自我。

要回归自我，有很多种办法。

通过呼吸～歌唱～鼓点～运动～自然～冥想～祈祷～触摸……

抱有好奇心，探索内心、身体和世界，就能客观地审视自我，成为创造者，而非受害者。

点点滴滴，都会累积成巨大的影响……

让我们回归自己身体的方法

闻嗅与呼吸

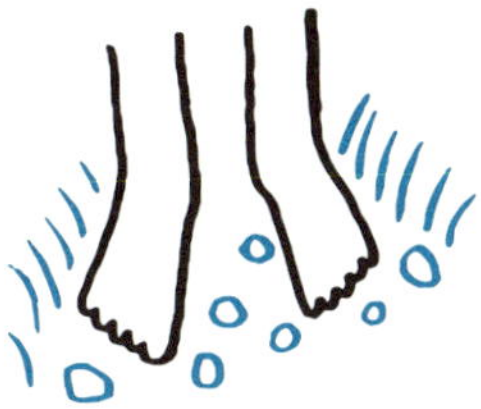

赤足踩在地上

聆听自然的声音

对我们有帮助的

留给自己的时间和空间

捍卫边界

睡眠与充电

降低自我要求

运动

写作让我们理清思路

写作的好处：

~ 理顺思维和情绪。

~ 更好地建立与自身的联系。

~ 潜在的疗愈能力。

与心灵对话

~ 它把我们和混乱的纠葛、焦虑剥离。

~ 我们可以从失落、孤寂的感觉中抽离。

~ 他人的视角和支持是非常有价值的。

~ 摘下社交面具和完美主义的矫饰，我们可以真诚待人。

~ 在真正的亲密关系中，我们知道自己并不是孤身一人。

写作、阅读、对话……哪些方法让你获益匪浅？

我们擅长的事

慢节奏生活

多角度看待问题

创意工作

有时我们状态极佳！

与宇宙联结

充满激情

找出潜藏的宝藏

我们内心都有潜藏的宝藏。但找到宝藏、发掘宝藏是一项漫长的工作。内心自我批评的声音让我们难以发现这些宝藏。

我们往往会忽视自己的天赋，因为我们对此不以为意，就好像鸭子背上的水那么天经地义、不值一提。这些天赋与生俱来，我们反而不去关注。但发展优势远比关注弱势要好。

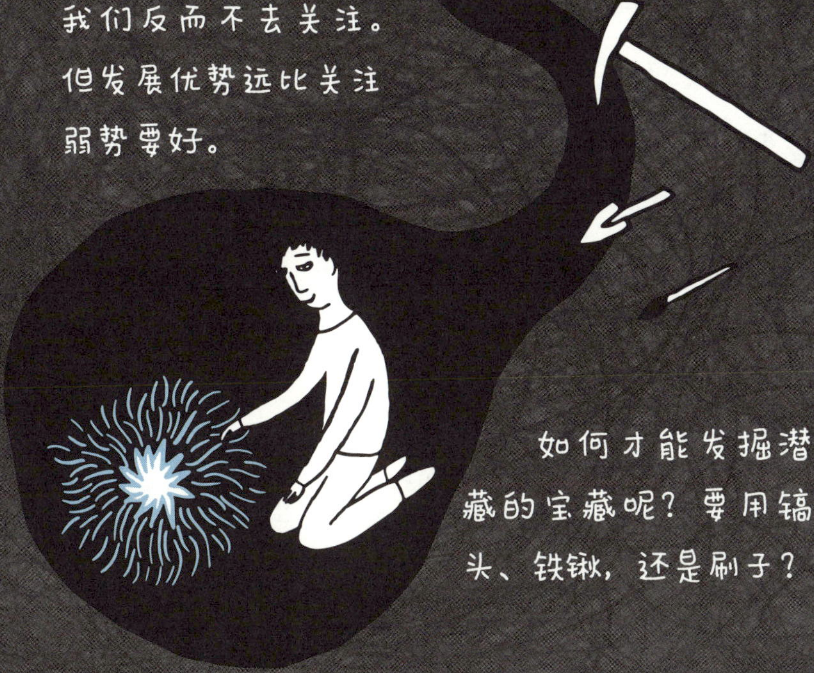

如何才能发掘潜藏的宝藏呢？要用镐头、铁锹，还是刷子？

歌颂日常的幻想和兴奋

幻想有助于我们恢复精力。一边用源源不断的活动把生活填满，一边把一切行为归为拖延症，是不健康的。我们不能沉溺于社交媒体和网络世界。如果让自己的思绪放松一会儿，回归工作之后，会神清气爽、福至心灵。

提倡白日做梦：

~ 平静地休息。

~ 追随自己的思路和想法。

~ 观察墙壁、树木、云朵的形状。

~ 享受无所事事、百无聊赖带来的空闲，不要抵触它。

根据大自然的法则，空白必将被填补。

我们可以从空白中获取力量和能量。

让我们分享盈余，
而不是耗尽自己。
我们不能过度投入……

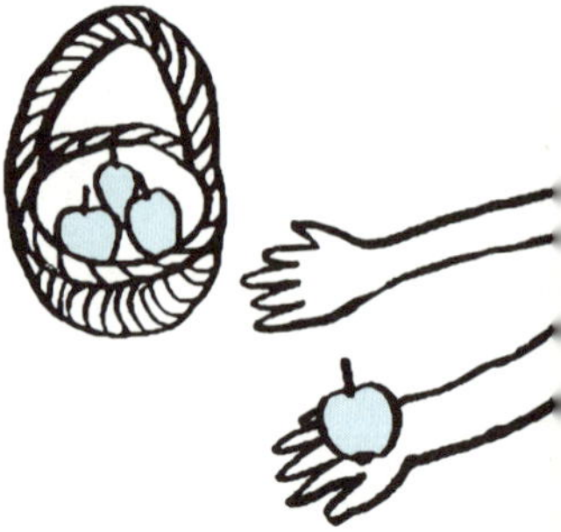

我喜欢随着可能性
与新起点的浪潮涌动……
潜入深海，
挖出宝藏。

创意

创意往往
是我们的
强项之一。

在生命的河流中创作

创意活动有巨大的疗愈力量，能释放敌对情绪、积压的情绪和紧绷感，帮助我们度过悲伤、缓解焦虑和压抑。

它能带来欢乐，让我们徜徉在生命的河流中，让我们获得存在感……

逆风与逆势

敏感人士在困顿中的力量

我们是社会的良心。有时候，我们也许会焦虑、恐惧，但在困顿时，我们能挺身而出、茁壮成长，成为自己的英雄。我们脆弱又坚强，尤其是当我们发现了事情的意义。

我们在危机中保持冷静。我们忠诚，有共情能力，有创意，勤勤恳恳，坚持不懈。

因为我们寻求更深刻的生命意义，我们能在困境中找到它。

安抚痛苦灵魂的良药：

~ 坚持自己的感受，即便很痛苦。

~ 努力做些什么，来理清情况。

~ 把它写下来、画下来、舞动出来。

~ 找一个相似的灵魂，把困扰讲给他听。

~ 对自己抱有同情心和耐心。

对你有效果的诀窍有哪些？

腼腆的总结

因为经常受到激烈情绪的影响，我会在心中寻找一个锚点。许多年前，每当情绪澎湃时，我比现在更无助、孤独。我很高兴自己有了现在的认知，能够感受到自己的情绪。

尽管我们无法改变自己感受、体验事物的方式，但可以接受它，学着和它共存。

我再也不觉得自己很奇怪，与他人格格不入。在某些情境下，我们还是会有些害怕。不过，如果需要发表自己的意见，我也敢于出声。

你瞧，我仍在自我接受的过程中，

一步一步向前走……

敏感能带你走得更远

小时候，我没有清晰的自我认知。我和妈妈生活在一起，我们的边界融合在一起。她若痛苦不堪，我也能感受到她的悲伤，想把她从伤痛中拯救出来。但这自然是行不通的。

长大以后，我总因他人的情绪自责。到现在，我也要注意这点：我的同感不一定是健康的。我不断深入学习这方面，而且心理治疗对我有帮助。面对“有需要的人”，我不断压抑自己的情绪，这时，我的需求便不那么重要了。

小时候，我感到无助、无力。现在，我再也不会这样了。我做的第一步，就是觉知。第二步，就是远离过往的习惯。

为什么世界需要我们

我们要勇于走出去，释放、展示自己的天赋。

社会不怎么重视敏感和内向的特质，所以，我们也许会把自己隐藏起来，无法直面世界。许多人觉得敏感和内向是短处，我们要改变大家的观念。我们不需要重塑自己，只要发现、欣赏、展示真实的自我就足够了。若是做不到这点，世界会遗失不少珍贵的东西。我们的视角、创造力、观点、洞见和体验本可以用来解决未来的问题，也会因此不复存在。

世界还会遗失我们的深刻、热情和同理心……

不要简单粗暴地把人归类

每个人都是独一无二的，不能被粗略地归类。我们每个人都兼有内向与外向这两种特质。我们要把人当作一个整体，每个人都有可爱的缺点，都是脆弱又不完美的……

警惕标签和粗略的归类。我是内向的，但这也不意味着我不能在公共场合发表意见。

大大的恐惧，小小的杏仁核

杏仁核和我们惊惶、焦虑的情绪有关，神经系统也是通过杏仁核发挥作用来保护我们的。杏仁核和神经系统也会对感知到的威胁和事件的动因做出反应。稍等片刻，再深呼吸，这能帮我们冷静下来。

接纳自己。接纳自己的羞耻感、不完美和敏感……现在就开始接纳！

日复一日，
我的生活不再那么纠结了

一次又一次，我被突如其来的不适情绪或质疑淹没。我仍在梳理自己纠结的人生，不过已经顺手不少了。

回望过去，我已经克服了许多困难！虽然无法成为一个坚强的外向型人，可我已经明白，敏感和脆弱也是捍卫自己的一种力量。我再也不用隐藏它们。就算我说出自己的意图，世界也不会崩塌。更不用说，我的天赋也许会让这个世界变得更丰富。

长袜子皮皮是我儿时崇拜的文学女主角，也是我如今的榜样。她不在意自己的举止，也不怕犯错！

长袜子皮皮
（出生于1945年）
世界闻名的文学女主角，
喜欢探索世界，
是个了不起的外向型人。

……你的旅途是什么样的？……？

参考书目

《天生敏感》：伊莱恩·阿伦著，于娟娟译，华夏出版社2014年出版

《内向性格的竞争力》：苏珊·凯恩著，高洁译，中信出版社2016年出版

《内向孩子的竞争力》：苏珊·凯恩著，杨惠译，中信出版社2023年出版

《心流》：米哈里·契克森米哈赖著，张定绮译， 中信出版社2017年出版

《拥抱可能》：伊迪丝·伊娃·埃格尔著，陈飞飞译，电子工业出版社2020年出版

《安妮日记》（漫画版）：安妮·弗兰克著，阿里·弗尔曼改编，大卫·波隆斯基绘图，高翔译，湖南文艺出版社2020年出版

《甘地自传》：莫罕达斯·甘地著，吴晓静译，云南人民出版社2016年出版

《心理类型》：卡尔·荣格著，徐志晶译，水利水电出版社2022年出版

《长袜子皮皮》：阿斯特丽德·林格伦著，李之义译，中国少年儿童出版社2017年出版

《HELLO，最好的自己》：邓雪美著，鲁梦珏译，北京联合出版公司2018年出版

《身体从未忘记》：巴塞尔·范德考克著，李智译，机械工业出版社2016年出版

Hyde, M., Mc Ginnes, M.: *Jung for beginners*. Cambridge, 1992

Loehken, S.: *Quiet Impact. Hodder & Stoughton*, 2014

Sand, I.: *On Being an Introvert or Highly Sensitive Person*. Jessica Kingsley Publishers, 2018

Sís, P.: Nicky & Vera.: *Norton Young Readers*, 2021

这些书也带给我启发

苏珊·凯恩《苦乐参半》
维克多·弗兰克尔《活出生命的意义》
伊尔斯·桑德《高敏感是种天赋》
Telgemeier, Raina: *Courage*

有趣的网址链接

内向型人/外向型人的个性MBTI测试：16personalities.com
ideas.ted.com/quiz-are-you-an-extrovert-introvert-or-ambivert/
苏珊·凯恩的网站，能测试你的内向程度：susancain.net
伊莱恩·阿伦医生的网站：hsperson.com

内向人士的时代
到来了。
我仿佛感知到了整个宇宙。

在写书的过程中，这些东西给了我帮助……

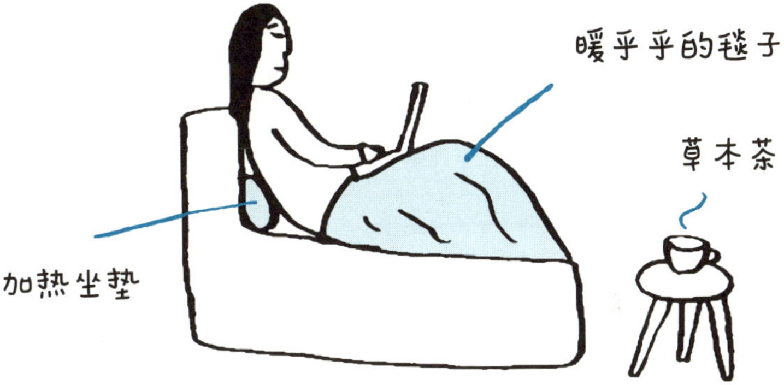

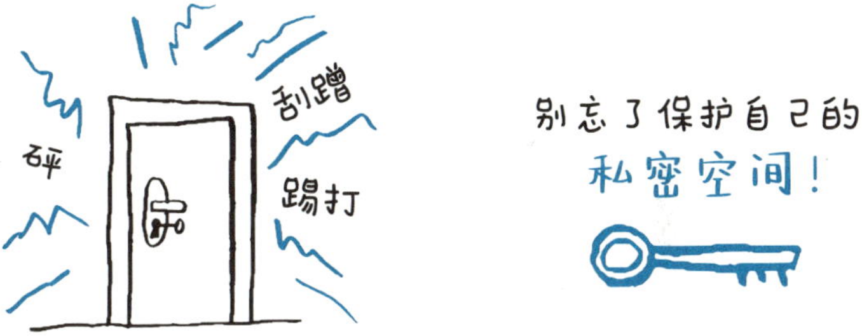

记得
给自己充电。

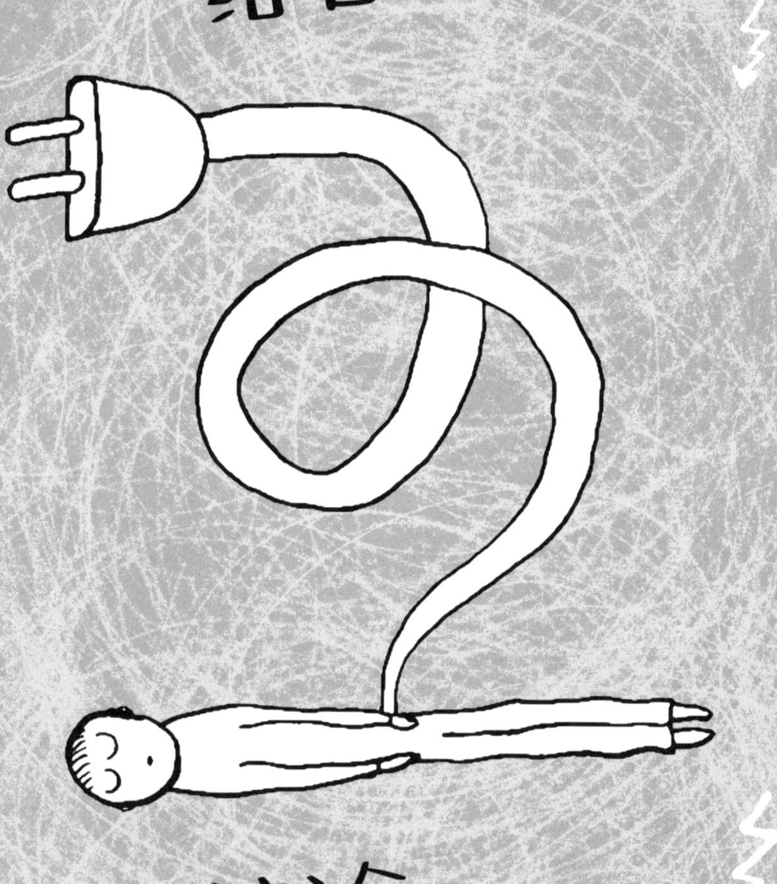

不然就会
突然断电。

Lenka Blažejová

莲卡·布拉热约娃

敏感、内向型人，平面设计师、插画师

著有给女孩们的《生理期，她来了》，以及为父母离异的儿童与青少年创作的《爸爸妈妈不在一起了》。作品在欧洲和亚洲均有出版发行。

像我这样内向又敏感

作者 _ [捷克] 莲卡·布拉热约娃　　译者 _ 徐如梦

编辑 _ 周喆　　装帧设计 _ 何月婷　　主管 _ 阴牧云
技术编辑 _ 白咏明　　责任印制 _ 刘淼　　出品人 _ 王誉

鸣谢

黄杨健

果麦
www.goldmye.com

以 微 小 的 力 量 推 动 文 明

图书在版编目(CIP)数据
像我这样内向又敏感 / (捷克) 莲卡・布拉热约娃著；
徐如梦译. -- 昆明：云南人民出版社, 2025. 9.
ISBN 978-7-222-24147-3
Ⅰ. B848.6-49
中国国家版本馆CIP数据核字第2025EW9130号

图字：23-2025-074号
Originally published by Blaze.je, 2022
Written and illustrated by © Lenka Blažejová, 2022
published by arrangement with Albatros Media a.s, Czech Republic and BARDON CHINESE CREATIVE AGENCY LIMITED
www.albatrosmedia.eu

责任编辑：王冰洁
责任校对：刘　娟
责任印制：李寒东

像我这样内向又敏感

XIANGWOZHEYANG NEIXIANGYOUMINGAN

(捷克)莲卡・布拉热约娃　著　　徐如梦　译

出版　云南人民出版社
发行　云南人民出版社
　　　果麦文化传媒股份有限公司
社址　昆明市环城西路609号
邮编　650034
网址　www.ynpph.com.cn
E-mail　ynrms@sina.com
开本　840mm × 1200mm　1/32
印张　5.5
印数　1-5,000
字数　50千
版次　2025年9月第1版第1次印刷
印刷　河北鹏润印刷有限公司
书号　ISBN 978-7-222-24147-3
定价　59.80元

你是内向人士吗？

每个人都是独一无二的，不应该被粗暴地归类。

世界上并不存在纯粹的内向型人或外向型人。有些人比较内向，有些人比较外向。

你是通过独处还是与他人相处汲取能量的呢?

或者，你是否处于两者之间，是中间型人呢？在数轴上标出你自己：

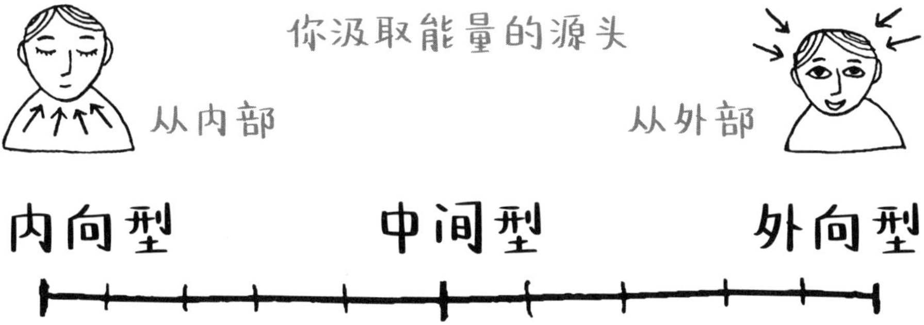

什么是高敏感？

根据伊莱恩·阿伦的理论，高敏感人士有四个特点：

（1）通过缜密的思考来深入分析自己的觉知；（2）很容易受刺激；

（3）面对情绪反应激烈，有很强的同理心；（4）能觉察到微妙的差异和细节。

你有这些特点吗?

你会在书后找到性格测试的链接。

典型特质

看看你是否具有内向、高敏感型的特质。

这项测试的目的不是要简单地将你归类，而是要发现你性格中的优点。

我们中的大部分人都善于发现自己的缺点。努力把自己的个性看成一种天赋吧。

你有以下特质吗？它们赋予了你什么，又需要你付出什么代价？你最喜欢哪种特质？

思维缜密、有深度

尽职与坚持

独立

敏感，易受伤

创意丰富

深刻的体验

强大的专注力

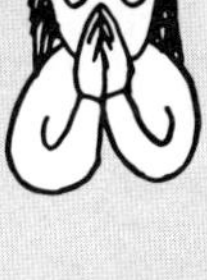

觉知能力和共情能力

注重细节

善于分析

谨小慎微

给自己充电

内向、敏感的人很容易感受到来自周遭世界和周围人的压力。

很快，我们的身体和心灵就会有充电的需求。

哪种充电方式最适合你？哪种方式能让你彻底放松？你在哪里能获取安全感？

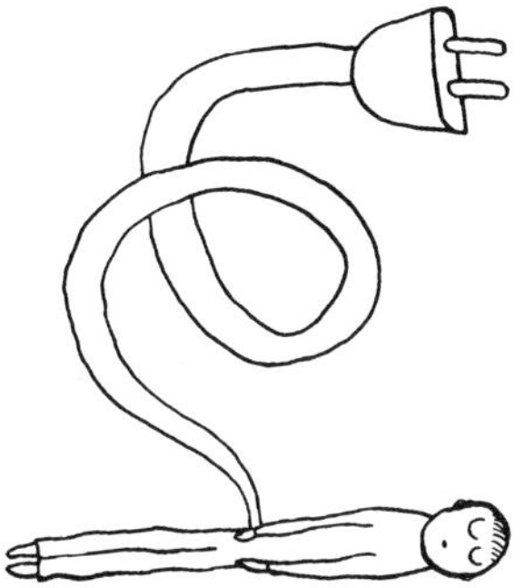

我们的特点

每个人都有自己的个性。我追求完美，容易自我批判，
动不动就向他人道歉，经常低估自己，会承担过多的责任。你呢？

我们的“刹车”系统

恶性循环、压抑、防御、保护、屏障、栅栏、墙壁和障碍

在什么样的情况下，“刹车”系统会让你畏缩不前？
因为“刹车”系统的作用，你有哪些不敢做、不敢说、不敢改变的事情？

平衡

你如何达到内心的和谐？如果心灵的天平倒向一边，你如何回归平衡？
是通过日常生活，人际关系，独处，运动，还是亲近自然呢？

质疑与假设 

我想做点事情，又忍不住自我怀疑。假如做不成怎么办？假如犯错了怎么办？
假如我得罪了别人怎么办？假如出现意外怎么办？假如我说错话了怎么办？
假如有人不喜欢我怎么办？假如我给别人添麻烦了怎么办？
假如他们觉得我奇怪、无能（+许许多多负面评价）怎么办？
你心中的“假如”有哪些？

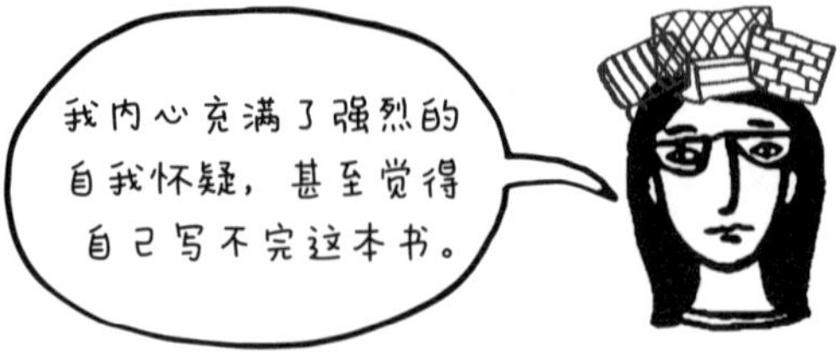

他们曾经这么评价我们……

过去，人们把要求和压力加诸我们身上，可若能轻松上阵，我们其实会做得更好。
他们还会对我们指指点点、侮辱谩骂。
圈出别人对你的评价。

冷漠　疏离　焦虑　愁苦　害羞　百无聊赖　闷闷不乐

一问三不知　冷漠　抑郁　什么都不喜欢

没有条理　爱做梦　无趣　格格不入　胆怯　脆弱

惊恐　好女孩　心不在焉　无助　神经紧绷

忧心忡忡　歇斯底里　冰雪女王　不切实际

令人费解　低效　无能　捉摸不透　不起眼

自卑　不安全　隐形　疏远　怪人　古板　差劲

郁郁寡欢　书呆子　神经质　笨手笨脚　健忘　古怪

心神不宁　不能和别人融洽相处　过度敏感　被动

傲慢　一直被拒绝　矜持克制　寡言少语　胆小鬼

以自我为中心　扭扭捏捏　局促不安

怕生　懦弱　恍恍惚惚　迟缓

容易受惊　生硬　冷淡　固执

自命不凡　逆来顺受　超级敏感

努力学习　一本正经　羞涩　易怒

苦恼　摇摆不定　枯燥乏味

容易受伤　倦怠　脆弱　离经叛道

没骨气　离群索居　软弱无力

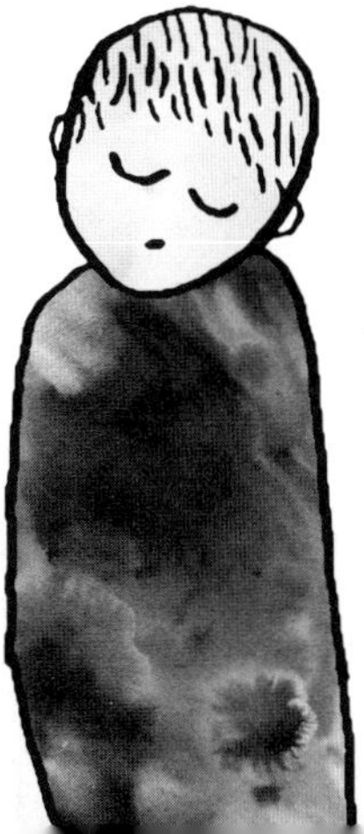

来自过去的印象

有哪些话、哪些事在你心中留下了印象？它们是否影响了你的说话方式和行为方式？
年纪还小的时候，我们总是不知道如何自我保护。你更想听到什么样的评价？
长大成人之后，面对和过去类似的境况，你会如何表现呢？

内心的批评者

我们年幼时，他人的态度会在我们心里逐渐汇聚成批评的声音。这些声音帮助我们在规则井然的世界里生存，但我们也会因此对自己提出苛刻、不切实际的要求。

你内心的批评者最希望你做成哪些事？你批评自己，是为了让别人对你口下留情吗？你内心的批评者是老是少，是男是女？过去有谁这样批评过你？

你会拿自己和谁做比较？

谁是你心中的典范？这个人和你差距很大吗？
基于现实而言，你可以达到这个人的部分成就吗？或者，你长得和他相像吗？
他是一个高高在上、无法企及的完美偶像吗？
你曾经拿自己和谁做比较？你如今的比较对象又是谁呢？

再加把劲！
推销自己！
做到最好！
让别人看到你的成绩！

赞赏我的人在哪里？

攀登成功的高山时，我会遇到限期和压力（既有来自外界的，又有来自内心的，它们伴随着我的每一步）。

寻找遗失的自我

我们真的想获得成功吗？这究竟意味着什么？我应该按照自己的方式和节奏继续下去吗？为什么我们不能尽全力接纳生与死的循环、疲惫与极限呢？是什么敦促你前行？是什么让你意识到自己的动力，你又是如何应对这份动力的？你何时才能摆脱压力做自己呢？

闭嘴！

是什么赋予了你无视或驱赶批评者的勇气？你会怎样斥责他们？如果他们闭嘴，事情又会如何？

有时候，你得压制内心批评的声音，
才能获得片刻宁静。

迟钝和情感冻结

一感到有危险，我就吓得一动不动。这样的反应很正常，它背后是有原因的。当人遇到危险时，脑中的杏仁核会发出指令，让人逃跑、进攻或僵住。可如果危险并不危及生命，只是想象出来的，那杏仁核发出指令后，会发生什么呢？比如，当众发言的时候，或是身处喧闹环境的时候。你有过被吓到僵住的经历吗？当时发生了什么事呢？

在大自然中，“爬回壳里”的策略较为常见。

半晌才反应过来自己应该说什么，你有过这样的经历吗？

情绪

心浮气躁、痛苦不堪、偷偷摸摸、难以承受、心情沉重、振奋人心……

理想状态下，我们应该直面、表达自己的情绪，不要逃避。
但是，如果情绪超出了承受限度，如果无法处理眼前的情况，我会方寸大乱。
有时我会把自己的情感和情绪写下来，然后归类。这个办法很有效。
画下、写下你的感受吧（最近的感受、今天的感受，等等）。

忘却不快

戳心疼痛

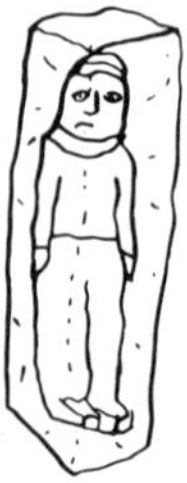

情感淡漠

残缺破碎

惨遭打击

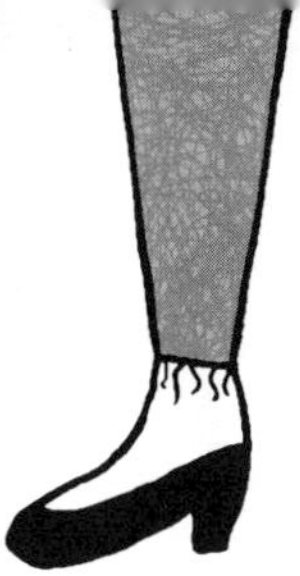

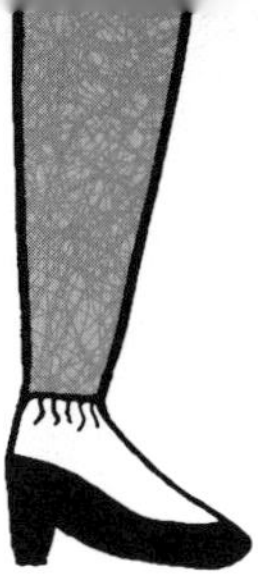

我生活中的主要情绪

我一直都觉得自己不合群。我想方设法不让别人看出这点。

你是否也感到自己在某个地方没有归属感?

你是用谁的标准来衡量自己的呢?你最常体验到的情绪是什么?

坏情绪的导火索

是什么让你产生了坏情绪?是疲惫?饥饿?照镜子?

内心自我批评的声音?新闻?社交媒体?

对我来说，和别人做比较，就是坏情绪的导火索。

我害怕自己做不了完美的家长，害怕自己不够漂亮，害怕自己事业不够成功……

沉甸甸的情绪

在这里，把困扰自己的情绪写下来、画下来。

焦虑、迷惑、恶心、挫败感、负罪感……把萦绕在你心头的一切情绪写在这里吧。

坠入深渊

负罪感、懊悔、过度的责任心

有时我会陷入悔恨，不管具体情况如何、具体原因如何，我都会因失败而自责。
可是，错的真的是我吗？是什么帮助你摆脱自责呢？

想象一个让你感到不适的情境。
画一个圆形的馅饼，代表事情的责任所在。
实事求是地说，“馅饼”中有多少是你的责任？
其他人和外界环境对这个情境的影响有多大？尽量保留客观的视角，还原事实原委。
看清自己的责任只有一小部分，这对我们有莫大的帮助，让人如释重负。

我们灵敏的传感器

共情和敏锐都是天赋。可当我们像小时候那样使用这两种天赋时，也许会产生不好的作用。
小时候，这两种天赋能保护我们、帮助我们。但如今，情况不一样了。
你也是这样的吗？我们该如何用成年人的方式使用这两种天赋？

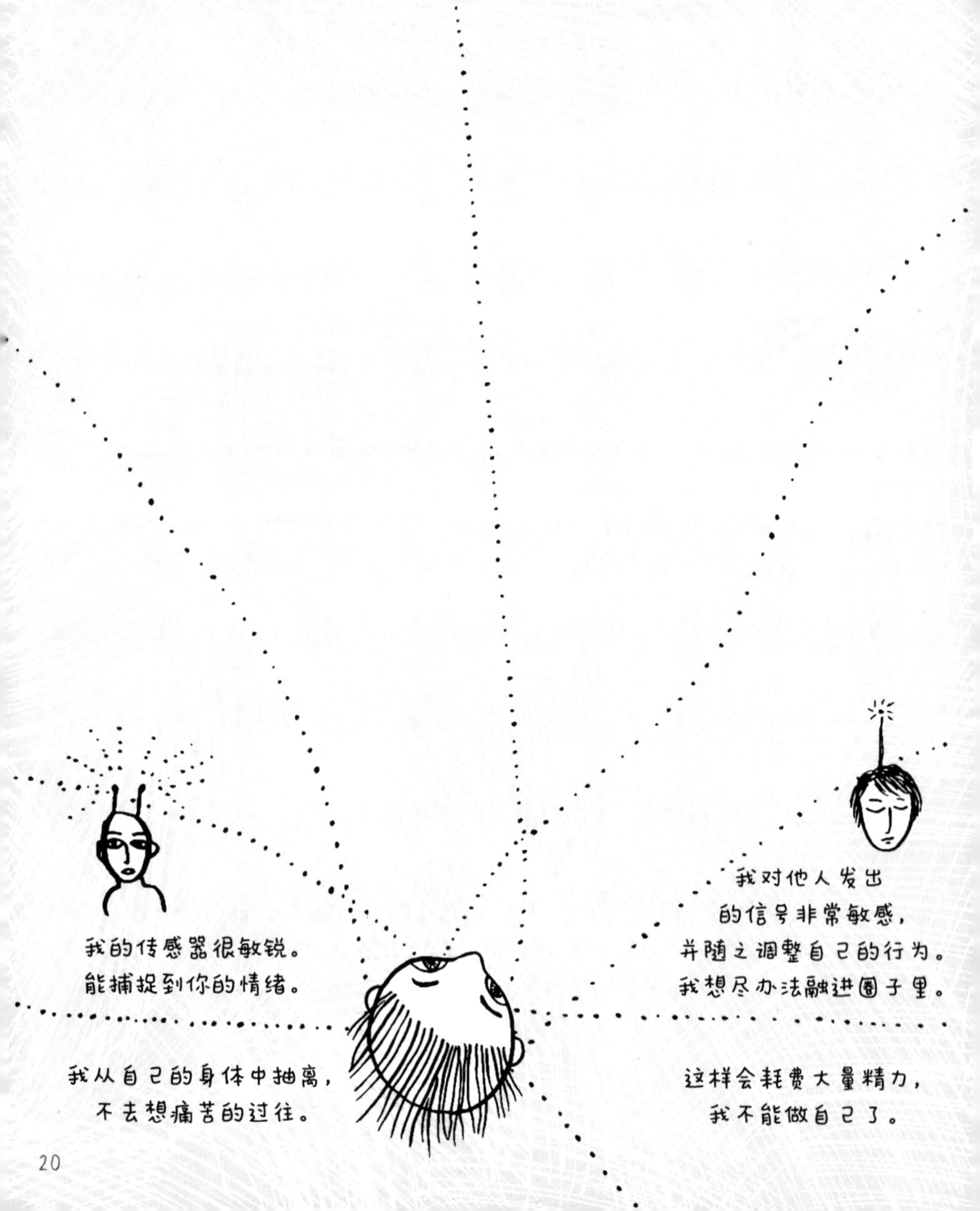

情绪海绵

高敏感的人经常会有这样的感受。
你也有过吗？
是什么帮助你回归自身，保护自己呢？

共情能力强的人右脑很发达，
受到了大脑中镜像神经元
区域的影响。

边界

在什么情况下，你的边界很薄弱？在什么情况下，你的边界过于鲜明？
你会在什么时候启动“准入机制”？你的“准入机制”代表了哪些限度？
如果有人侵犯了你的边界，你会怎么办？你会有什么情绪、想法和行动呢？
你的需求是否未被满足？你会如何满足自己的需求？

我渐渐迷失了自我……
你有过这样的经历吗？

不

你要对什么事、什么人说不？你会在什么情况下反抗？哪些人是你可以拒绝的，哪些人是你不可以拒绝的？是什么帮助你把拒绝说出口？

不

开口很难

内向和敏感的人很难在众人面前讲话。
不过，只要目标坚定，我们很快就能学会公开演讲的技巧。
你在公众面前讲话时会有什么情绪？是不是听众越少，你越自在？
提前准备对你有帮助吗？你是不是还没经历过公开演讲，
或者说，你一直在逃避公开演讲呢？

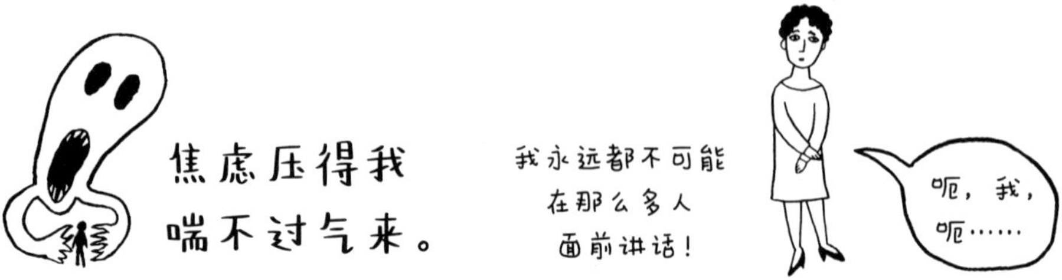

不同的0

让我们觉得自己一文不值的，也许是我们的观念。
0 是一个符号，象征着空白与缺位，也象征着巨大的潜能。
它长得像个蛋，是新事物的起点，代表了新生。
你身上有什么样的潜能？你能创造出什么？你愿意从哪里着手呢？
可以从很小的事情开始做起……

我觉得自己
像0一样。

我正创造着
崭新的事物。

我们并不孤独

世界上有很多敏感和内向型人。

尽管我们并不相识，但得知彼此的存在，也许能让我们感到安慰。

我们大多喜欢深刻、有意义的交流。

有哪些方式可以让我们不再孤单？在和他人相处中，你会获得什么灵感，会增长什么见闻？

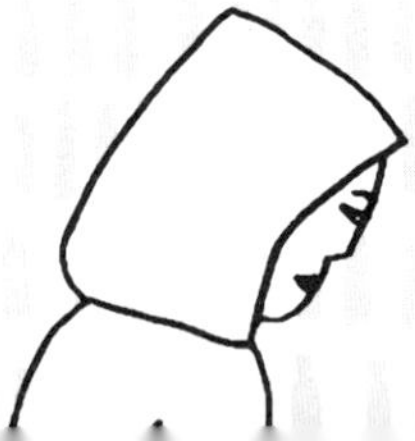

人际关系

人际关系对我们很重要，需要好好维系。在你看来，应该如何维系呢？
你会做些什么？你的家庭背景给你的人际带来了什么样的影响？
当你不知所措时，他者的视角是否会让你豁然开朗？

独处

当社交压力让我们茫然无措时，我们会非常渴望独处。
即便和他人在一起，也会感到无比孤寂。你有过这样的感受吗？独处对你来说意味着什么？
什么样的独处能滋养你，什么样的独处有害无益？你能在独处和社交之间获得平衡吗？

联结

敏感和内向让我们能获取深刻的体验。

我们能联结有形和无形的世界。

你也会这样吗？你在什么时候感知到这些独特的体验？

心流

当我们集中注意力，进入心流状态时，
才能把天赋发挥到极致。
哪些事是你擅长的、喜欢的、让你感到满足的？

你在什么样的环境下可以高效办公？
是被很多人包围，还是独自一人？
你会在什么时候感受到心流状态呢？

天赋

我们不太把自己能做的事视作一种天赋，反而会对其不以为意。
也许，我们都没意识到自己有这样的天赋，更别说把握这份天赋了。
我们容易低估自己，无视自己的成就。
你的天赋、你的宝藏是什么？你曾在哪些事情上有过出色的表现？
你会以什么样的天赋为傲？

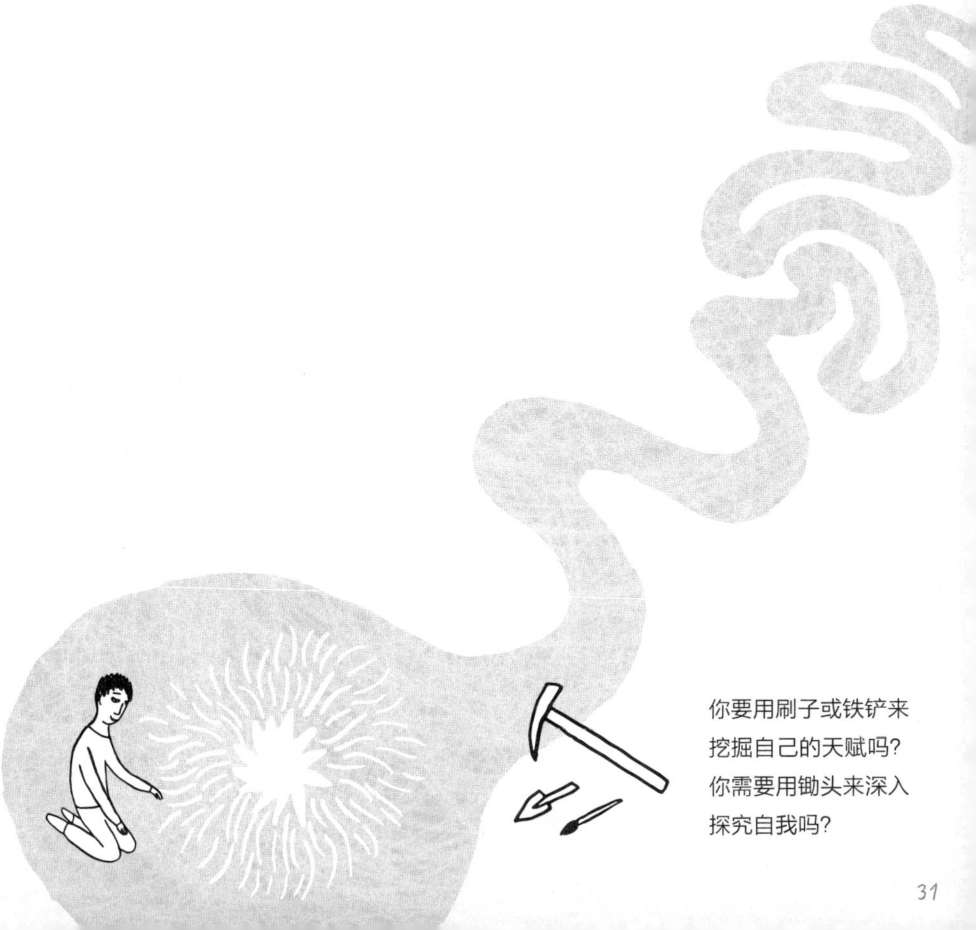

你要用刷子或铁铲来挖掘自己的天赋吗？你需要用锄头来深入探究自我吗？

你有着怎样的人生故事？

你的过往是怎样的？是什么成就了如今的你？在这里，你可以说出自己的故事。

经过这项练习，你也许会用全新的视角看待过往的难题。

如果你愿意的话，也可以贴上照片。

如果这里的空间不够，你可以在新本子上继续写。

逆风而行

你克服过什么困难？你在什么时候接受过命运的挑战，砥砺向前呢？
是什么鼓励你逆风而行？过往的挑战如何让你变得更强？

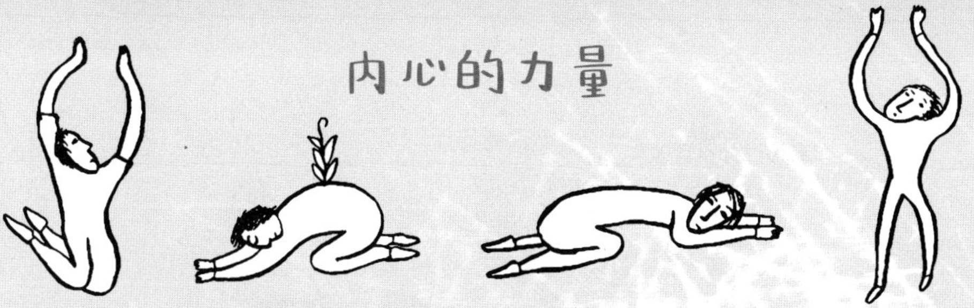

内心的力量

世界需要我们和我们的天赋。没必要追求完美。

我们的力量蕴藏在脆弱和敏感之中。

坦然面对这一切吧，尽管脆弱和敏感会带来巨大的挑战。

你是在什么情况下发掘到自己内心力量的呢?

什么时候你才会敞开心扉，展现真实的自我?

你的资源

你的资源藏在哪里？什么样的地方会给你安全感和接纳感？

在什么样的环境里，你敢于释放自我，抛下日常琐碎，感觉悠然松弛？

在目前的生活中，你该如何赋予自己更多能量？

写一写、画一画你是如何发掘自己的资源，也就是你力量的源头。

哪种方式对你有帮助（如，运动、亲近自然、从事创意活动、

和鼓舞人心的人相处、冥想、祷告）？

你是谁？

每个人都是独一无二的。

我们越理解自己，就能越接纳自己，也就越不会想要重塑自己。

了解自己的根本需求，捍卫自己的边界，就能更好地在外面的世界生活。

是什么让你深夜醒来？是什么让你充满活力？你儿时最喜欢做什么？

你现在喜欢什么？你喜欢按照自己的方式做事吗？

就算害怕，也要迎难而上！

我们永远不可能做好完全的准备，也永远等不来完美的时机。
有时候，必须迎难而上，必须走进黑暗，去往未知的目的地。
你希望生活有什么改善或改变？朝着新方向迈进一步，也许就已经足够了。
给自己布置一项可以落地的小任务。它会是什么呢？你会投入多少时间做这项任务？
在之后的几天、几周里，你需要关注哪些事情呢？